立人天地

要是我们怀着一颗真诚的心去服务邻居，在行为与精神上友善地对待别人，认真履行好每天的职责，那么当考验来临时，就能轻装上阵，积极应对，并在这个过程中增强自身品格与力量。

我们深知，在这一趟充满艰辛的旅程里，我们很可能会多次摔倒，但绝对不能沉湎于失败之中，而是要爬起来，勇敢抬起脚步，满怀自信继续往前走。一旦我们看到自身为之奋斗的目标越发清晰时，任何的负担都不会显得太重，任何苦楚都不会太难承受，因为我们正在走向胜利、自由与帮助别人的道路上。

过好每一天

EVERY DAY LIVING

【美】安妮·佩森·考尔 著
Annie Payson Call
佘卓桓 译／孔 宁 校

黑龙江教育出版社

目录

contents

第一章

家庭事宜

真爱才能带给我们自由，赐予我们所爱之人以力量。只有当我们尊重他人的自由时，才真的有可能接近并爱上对方。

第一章

我们都相信一件事，即不论命运多么不公，都能心甘情愿地去接受，并将逆境视为锻炼自己的品格力量与提升为他人服务能力的一个机会。所以，千万不要将个人的负担看作一种禁锢。我们深信，不论别人多么不好、多么不友善或是不公平，我们也不应该怀着主观恶意的态度去面对这些不公与不善，而是应该首先进行自我反省——审视别人对自己的批评是否恰如其分，看看批评者对我们所持的观点是否正确。不管别人对我们作出多么不友善或不公正的评价，我们都只能埋怨自己。与此同时，我们对别人还必须严格坚持一种友善与公正的态度。当我们完全摆脱了愤怒与不满的情绪之后，才能以一种客观公正的态度去看待事情的全貌。这样做有助于减轻批评者心中不满的情绪或是不友善的行为。

我们相信一点，如果只是单纯地控制外在举止，却没有改变内在初衷的话，就只能演变成一种压抑的行为。真正的自我控制是控制内在的信念，不管是赞美还是反对。通过改变内在信念，我们就能在现实生活中以一种自然的状态来控制自己的行为。当我们出于一种发自内心去热爱的心灵态度而变得安静、友善、慷慨与不加抱怨时，我们的行为就将依照一种比自身更为强大的法则来进行，并且遵循这样一条唯一的、能让我们获得自由的法则。我们知道，这样的自由是需要为之努力的，而且必须要经过艰苦与持久的努力才能获得。我们深知，在这段充满艰辛的旅程中，我们很可能会多次摔倒，但我们绝对不能沉湎于失败之中，而是要爬起来，勇敢抬起脚步，满怀自信地继续向前。一旦我们看到自己为之奋斗的目标变得愈发清晰时，一切负担就都不会显得过于沉重，任何苦楚就都不会显得难以承受，因为我们正在走向胜利、自由与帮助别人的道路上。本书所写的一系列文章就是阐述如何将这些原则在现实生活中进行具体应用的。

处于“相爱”的状态，与“爱”本身的区别是很大的，这种“相爱”的感觉可能只是一种纯粹的自私的情感，与爱的真实含义截然相反。在不了解爱的真实含义的情况下去爱别人，其实是一种束缚——有时可能觉得愉快，有时则感觉痛苦——但不论怎样，这都是一种束缚。真正的爱意味着自由——当我们真心爱某人的时候，我们会爱他的优点，他的能力，为他的幸福而感到幸福，而不是只考虑我们自身。所以，真爱才能带给我们自由，赐予我们所爱之人以力量。

曾经，某个家庭的一位母亲深深地“爱”着她的丈夫，但她的丈夫，却深深地爱着他自己。这位丈夫经常以自己是良好的自律者而骄傲，并为自己按照严谨的教育方式将孩子抚养成人感到无比的自豪。但实际上，他只是完全按照自己的意愿去教育孩子，并没有根据孩子的潜能去因材施教。他努力地按照自己的想法去培养孩子，却忽视了孩子身上某些与他教育方式不相容的特点。因此，他的行为在不经意间滋生了让别人感到沉重压力的“邪恶”。这位母亲不想让丈夫感到不快，虽然她性情变得更加温和，这本来是可以真正为孩子利益着想的，但是她为了赢得丈夫的欢喜，反而放弃了自己更为良好的判断力。这样的默许与放纵导致这个家庭里的每个人都处于一种长期压抑的状态。孩子们感到强烈的恐惧与压抑，因为他们根本没有发泄自身痛苦的天然渠道，所有的紧张与压抑都累积在他们小小的大脑里，在他们长大成人时，最终必然将显露无遗。这种发泄的表现方式不是以一种更加让人痛苦的方式表露出来，就是以一种自我放纵的形式表露出来——这显然是孩子们对自己从小就压抑已久的紧张与束缚的一种剧烈的释放。

在这个家庭，产生持久束缚感的不只是孩子，还有他们的母亲。作为母亲，她感觉到丈夫的行为方式与自己天然的母爱产生了冲突。她要比丈夫更了解孩子的行为，她的潜意识似乎知道自己放弃了对孩子的爱，而只是一味地满足丈夫的“胡作非为”以及他的私欲。这样的意识也会让这位母亲处于一种严重的神经紧绷的状态。

这位父亲时刻保持着一种自负的思想，对一个人来说，为了时刻展现自身高尚的情操而努力，其实就是产生压力的根源之一。要是他的性情比较敏感，那他就可能在漫长的岁月里自我瓦解；倘若他不是性情敏感的类型，那么也会随着年龄的增长而变得越加粗野。

在另一个家庭中，压力与束缚也很大，但表现出来的形式却完全不一样。父母与孩子都有各自的兴趣与爱好，吃饭的时间也完全不一样。每个人对家里的其他成员都缺乏容忍，虽然他们在外人面前表现出了良好的教养，不至于发生争吵，但是，到他们家做客的人却都不想待得太久，因为每个人都能感觉到这个家弥漫着一种令人压抑的气氛。这个家庭的孩子长大以后，都想到其他地方休息一段时间，以避免受到家庭带来的压力的影响，这似乎也是完全可以理解的。

或许，家庭生活中最大的压力，就是每个家庭成员都太过注重外在的良好举止，太过注重每个人的外在行为，却漠视了相互理解与怜惜的重要性。每个人都会对他人这种“善意的关心”感到压抑，谁也不会真正坦诚自己感到的压力，因为他们觉得别人会觉得这是一种不友好的行为。最后，家庭的气氛变得极其压抑，每个人都在心中郁积着一股仇恨，只是没有表达出来，但是谁都能感受得出来。

我想起了性格属于这种类型的两姐妹。她们总是在语言上赞美对方——可是她们却不敢做一些让自己感到快乐的事情，因为她们害怕对方会产生受伤或是被遗弃的感觉——虽然这些事情是美好的，是很有意义的。这两姐妹的性情并不相似，兴趣也完全不同。如果她们都可以自由地表达出自己的兴趣与爱好，就可能给对方带来快乐，她们的生活也可以得到持续的拓展。在相互尊重彼此观点的前提下，她们的陪伴感会更加强烈，随着时间的流逝，她们能够更好地互相促进，不但是好姐妹，而且还能够变成亲密的朋友。但是，她们现在有一种心态——只重视外在表现，内心却时刻害怕打扰对方，不敢试着去做自己喜欢的事情——这只能让她们背上沉重的包袱。每个能够感受到她们这种压力的人都会对此感到遗憾，因为她们实际上都是非常优秀的女性，有能力去做很多有意义的事情，能给许多人带来真正的快乐。但是，她们却习惯了彼此“表面上的友善”，并且将这种错误的标准一直延续下去，使她们觉得想要改变这种习惯是不可能的。

这些“友善”的人想要向快乐转变的难点在于，在他们爱上某个人之前，必须先要了解自己自私的满足感，自己厌恶甚至是仇恨哪些东西，而这些东西很可能深藏在他举止友善的表面之下。

这种认识可能与别人眼中看到的良好举止形成两个极端，与别人心中所怀揣的那种信念——她是向别人无私奉献的——完全相反。如果某人在无意识的情况下表现出恼怒或是厌恶的情绪，她一定会因为发现了自己内心的仇恨感到由衷的震惊，并且会立即产生远离这些东西的想法。接下来，她就会学得宽容，进而让别人获得自由的爱。最为重要的是，她会学到一点：只有当我们尊重他人的自由时，才有可能真的接近并爱上对方。

例如在父亲强势、母亲弱势的家庭中，父亲意识到了自身的自负与强势之后，就会发挥自身更为强大的意志与良好的判断力来避免自己给孩子和妻子带来压力，他会真正地关注妻儿内心的真实需求，那么这个家庭的气氛就能渐渐变得温馨与自在，而不是之前所感觉到的压力与冷漠。如果母亲明白了这个道理，就会向丈夫提出要求——如果为她好，就不要借着爱她的名义去做一些事情，而是应该让她去做一些她自己觉得对丈夫和孩子都有意义的事情。那么，她这种坚强、无私与大爱的精神就可能会唤醒丈夫男子气的一面，随着时间的流逝，他会更爱自己的妻子，因为妻子的坚持不懈让他开拓了眼界。想象一下，这对孩子的未来会产生多么深远的影响。

家庭的某个成员凭借一己之力摒弃怨恨与个人的不满，就能够让家里充满平和温馨的氛围。这需要细心与周全，需要我们不断放弃自以为是的想法，荡涤心中自私的想法，那么，我们获得的回报就将是更高的服务他人的能力。一般情况下，当某位家庭成员义无反顾地走上了无私的道路，那么其他家庭成员也会随之走上这条道路，随后，整个家庭都充溢着一种无私的气氛。

在这里，我们必须要明确一点，就是为了表面的和平而做出软弱屈服的行为与为了正义而在原则上有所妥协的区别是很大的。前者绝对不是无私的行为，虽然看上去很无私。我们的屈服只能增强他人自私的行为，这绝对不是正确的做法。

当人们隐藏自己真正的情感，表面上装出一副心满意足的样子，但内心却是翻江倒海，感到极度愤懑，这种慢性的恼怒就会让他积郁成疾。这种情况下，我们所能做的，就是保证自己一定要有真诚的态度。若是在紧急情况下，某位朋友潜藏已久的恼怒爆发了，真正的想法从心底浮现出来了，我们如果能以安静的心态去面对这种情况，那么这种恼怒的情绪就会自然“熄灭”。那位曾经“珍视”恼怒情绪的人会为自己可以得到发泄而感恩，而不会在意之前忍受这些情绪时的想法。通常情况下，很多人在自己漫长的人生过程中，都背负着沉重的负担，但他们却又以一种友善的姿态示人，以此来掩盖内心真实的情感。在这种情况下，不论男女只要能够认识到自身存在的问题，与人进行友善、自然与友爱的交流，就能成功地根除这种“表里不一”的行为。正是因为不明白这一点，才导致了家庭中出现了许多无谓的争吵与打闹。

要想保持家庭气氛的融洽，每个人都能过上快乐的生活，我们需要顾及别人的感受。这不在于某些人需要压抑自身的性情来满足其他人的自由发挥，更不在于让每个人都尊重其他人的利益。即使上述这些行为全都实现，家里可能依然缺乏一种自由、欢乐与坦诚的气氛。家庭快乐的源泉在于彼此都能够尊重神圣的法则。如果我们能全身心地尊重与事情本质相关的原则，那么这种尊重行为本身就能让我们将尊重别人视为理所应当的行为。这种尊重能够让我们友善、周到地对待别人——这不仅是为了别人，更是因为这样的做法符合尊重神圣法则的要求。在我们尊重神圣法则的过程中，会自然而然地对别人产生一种爱意与相互理解的态度，如果缺少了这一前提，则是不可想象的。“在基本原则上一致，在无关紧要的事情上自由发挥，对所有事物都抱着仁慈之心。”世上每一位基督教徒都承认一点，在面临考验的时候，对上帝与邻居的爱意会被证明是遵循这一神圣法则的最基本要求。在这一前提下，我们才能过上幸福的家庭生活，让家庭更加富有秩序、充满人情味。

第二章

教育孩子

来吧，让我们的人生达到教育孩子的标准。

第二章

有两个家庭，父母教育孩子的方式截然不同。我经常会这样想，如果其中一个家庭教育的优点能够弥补另一个家庭教育的缺点，那就太好了。如此平衡的教育方式将会多么富有爱心，多么容易发掘孩子的才华。事实上，良好的教育的优点远远不止这些，要是这些良好的因素能注入到两个家庭都缺乏的教育理念之中，那么父母与孩子就会感到更加幸福，感到更充满力量。我记得在第一个家庭里，父母是按照固定的原则来教育孩子的，孩子做事说话都显得很温和，但却完全受制于父母。这个家庭的孩子过着有规律的生活，接受着良好的教育，从来不吃任何缺乏营养的食物，晚上睡眠充足。但在很多情况下，他们的行为显得不够自然，他们不过是父母手中的“玩偶”。

父母告知汤姆要友善地对待妹妹以后，汤姆的脑海里又强化了自己要对妹妹好这个念头。

“汤姆，你把苹果让给妹妹吃，这难道不好吗？你难道没有觉得这样做让自己变得更加开心了吗？”

除了在孩子脸上看到了一种“我是个好孩子”的表情外，你还能从哪里看到为人父母者这样一种志得意满的微笑呢？看到不少成年人流露出这样的微笑，实在让人感到悲哀，但在小孩子脸上看到这种表情，那就不仅仅是可悲了，而是更让人感到压抑。

若是母亲在家里正与客人聊天，这时孩子来到客厅——只要孩子的言行出现了什么错误，不管这些言语或是行为有多么幼稚——母亲都肯定会中止与客人的交谈，对这个“可怜”的孩子进行一番语重心长的教育，客人就只能坐在一旁默默地听着。

“汤姆，亲爱的，向这位女士伸手——不，不，是你的右手，汤姆，现在来向史密斯夫人问好。”

汤姆看起来一脸的无辜。

“汤姆，快向史密斯夫人问好啊。”

最后，汤姆问完好，终于逃了出来，而史密斯夫人的耐心也被耗光了，她无法与这位母亲继续之前的对话。其实，这位母亲可以语气平和地与汤姆谈心，甚至可以与汤姆达成一种协定——下次家里来客人的时候，他要表现得乖一点，让客人感到满意，这样他自己也会觉得高兴。这样做有助于使孩子建立起一种与父母特殊的亲密感。当父母与孩子的友情建立起来后，那些懂得如何与孩子发展友情的父母，就可以更好地培养孩子了。但是，父母的品格必须要足够的坚强与成熟，才能让他们和孩子之间的友情继续维持下去。

上面这个家庭中，父母与孩子之间并不存在真正的友情，有的只是仔细培养的表现在外在的“友情”，这是父母故意控制孩子的一种表现。如果父母突然因为事故去世，只剩下孩子的话，那么孩子本身的任性与本性就会在压制解除后爆发出来，甚至连孩子自己都觉得不可思议。在了解自己所犯的错误后，如果他们的品格基础足够牢固，就会寻找属于自己的个性与真正的自由。也许，一些孩子会从过去被父母压抑的生活经历中吸取教训，但另外一些孩子却可能一辈子都留下阴影。最让人感到悲哀的是，这些父母还觉得自己是全心全意为孩子奉献精力，是为了能够让孩子在这个世界上取得成功才去约束他们。很多父母认为，孩子从小表现出来的兴趣就是他们的天赋所在，然后便按照孩子的“天赋”来培养孩子。这些父母的情感非常真诚，但据我所知，孩子们也深信父母在培养他们时的选择是明智的——不论是从精神方面或是自然天赋方面，都是如此。要想让父母或是孩子看到真实的情况，这有些不太现实。很多时候，孩子失去了他们做事时自然的态度，就像一个小大人，显得极为刻板，而且这些孩子很容易生病。很多人都会觉得奇怪，为什么史密斯的孩子总是生病，而自己的孩子在成长过程中却是那么健康与充满活力。

如果这些孩子的父母觉得自己被人冒犯，或是觉得朋友伤害、忽视了自己的情感，那么孩子也会跟着觉得受到了冒犯。因此，当某位朋友在拜访这样的家庭时，可以观察孩子的举止是否得当，以此来判断自己在孩子父母心中的地位。这些孩子处在父母时刻“训话”的影响下，他们尚未发育完全的大脑和神经系统受到了压抑，处于一种歇斯底里的状态，就像一个温度计，显示出来的气温高低取决于父母的心态。事实上，这些孩子通常都是很有趣的，但父母却没有按着他们的本性去进行培养，即便他们所处的环境具备这样的优势。他们所做的事情都是在思考过后进行的，而不是单纯的自然的想法，因此这扼杀了他们温暖、自然的情感，让他们所谓的爱趋于病态，习惯于奉承别人和缺乏自己的主见。

在另一个家庭里，情况恰恰与此相反。在这个家庭中，我们感受更多的是父母天然的爱，而不是人为的教育。父母是在帮助孩子成为更好的男孩或是女孩，你很难将此称为“教育”。这样的孩子待人友善大方，过着快乐自由的生活，他们深爱自己的母亲，言行举止显得极其自然，令人愉悦。第一次看到这些孩子的时候，你会觉得他们就是真实的自己。看到这些孩子自然快乐的样子，友善地对待父母与他人，真是让人有点感动。但是，当你对这些孩子进行一些考验——这些考验需要认真思考或是品格的力量，这时你就会发现这些孩子缺乏这些品质。你原先可能觉得，这就像小溪荡起的涟漪，会帮助小溪继续往前流淌，这些孩子也应该有能力去应对困难，不论这些困难是大是小。但最后我们却发现，这些孩子对是非对错的理解是最肤浅的。小溪潺潺的流水声听起来很悦耳，在阳光的照射下也很迷人，但却无法转动水车的轮子。

如果某人真的不公平地对待孩子，然后你努力地向自己的孩子解释，虽然那些孩子被不公平地对待，但是也不能反过来无礼地对待别人，孩子们听完后，肯定会茫然无解。如果你对孩子们说他们在学校遇到的困难能让他们成为更优秀的人，并且能够从困难中得到教训，比如下面这个例子：

“威利，如果你不知道分数意味着什么，你长大后，就很难在这个社会立足。”

在这个例子中，我们很可能会听到威利茫然地回答“是……是”，拖长的口音说明他根本无法理解你所说的话。有趣的是，孩子看上去都非常聪明，具有天赋，但当你在教育他们时，却发现那种感觉就像是在撞一口钟时发现钟根本不会响一样，这时你只能用更为直接和说得非常明白的因果关系才能让他们变得似懂非懂。

要是父母能够更加睿智，更加贴近实际，采用更加简单的方法去教育孩子，成为孩子的朋友，那么孩子对事物的洞察力就会更加清晰，也会更加具有活力。

从某种程度上来说，这些孩子都处于父母不明智的管教之中，虽然他们要比其他家庭的孩子更加自然与具有活力。

在这两类家庭中，如果父母不喜欢孩子，孩子不喜欢父母，那么父母所有的错误就都会在孩子身上流露出来。在第一个家庭里，他们循规蹈矩，友善地对待彼此；在第二个家庭里，家庭成员则显得更加自然与友善。

要是第一个家庭能少些规矩，多些自然的爱意，那么教育效果就会更好些。要是第二个家庭能多些规则，少些放纵，那么教育效果也会更好些。要是第一个家庭里的父母能想着去多爱一些，要是第二个家庭能在爱的基础上多一些思考，效果就会更好。但即便这些改变能够实现，这两个家庭的教育效果都能有所提升，但他们所面临的难题却依然没有得到丝毫解决。这两类家庭所面临的主要问题是：如果父母都怀着仇恨的心理，孩子也会怀着仇恨心理；如果父母都很自私和习惯了抱怨，那么孩子也会变得自私，喜欢抱怨；如果父母性格敏感，觉得自己很容易受伤害，那么孩子的性格也会变得敏感，觉得自己很容易受伤害。

教育孩子只有一条真正的途径，那就是首先教育自己。要是为人父母者都能明白这个道理，那么这就会对父母和孩子都产生难以估量的作用。在教育孩子时，我们要满怀责任，这是相对容易做到的。作为父母，很容易觉得自己更重要，这就会让我们无法意识到——要想孩子遵循我们的教育法则，我们首先要自己做到才行。如果我们有一块属于别人的白布，我们每天都用这块白布擦拭肮脏的手，倘若有一天这块白布的主人突然想要回这块白布，那么这块白布肯定是脏得不行，而且全是皱痕。我们对待孩子的道理也是如此。要是我们的手不够干净，他们幼小的心灵就会留下我们的指印。有时，这些指印会被证明是污点，在这个世界上无法被擦掉——至少是在这个世界上。

孩子是托付给我们抚养的——他们并不属于我们。孩子就是尚未成型的男人和女人，他们有自己的个性。如果父母能引导他们发挥出最大的潜能，那么他们的个性就能够获得成长的机会与空间。

要是从孩子诞生的那一刻起，我们无法与孩子建立一种相互帮助的关系，那就说明我们还没有做好成为孩子的父亲或是母亲的准备。要是我们没有从自己的童年经历中学到教训，然后用以教育孩子的话，那我们就没有做好引导或教育孩子的准备。孩子来到这个世界后要遵循他父母都遵循的法则。只有在父母都遵循自己灌输给孩子的法则时，孩子才能真正遵循这样的法则。孩子能迅速察觉父母是否真正遵循这种法则，然后据此来对父母的指引做出反应，孩子能迅速察觉父母违背法则或是表里不一的做法。要是某位母亲为人诚实，性情平和，让孩子能像自己一样在柔和与安静的环境中成长，那她就要做好依靠孩子降临世间所具有的力量，来帮助孩子翻越困难与障碍的准备。

孩子与父母的陪伴关系就是这样建立的，随着父母与孩子不断进行真正的交流，这种关系会逐渐深化，直到孩子长大成人，与父母建立永恒的友情。父母首先要学会自律，并以自身遵循神性法则的精神来要求自己的孩子，那么父母与孩子间严格的自律与深厚的自信感是可以建立起来的。孩子可以迅速觉察父母违反这些法则的行为，如果父母能够接受别人对自己的真诚批评，那他们就会因为自己的坦诚而让孩子对他们更为尊重，也更乐意遵循这些法则。

教育孩子只有一条真正的途径，那就是首先教育我们自己。

良好的教养是指以我们最让人愉悦与友善的形式去表达自身的真诚及对别人的友爱。

让我们感到疲惫的，并不是有很多事要做，而是我们对这些事情的感知方式。

一个真正具有奉献精神的人能够在财富不多的情况下依然给邻居提供实在的服务。我们要明白，只要有心，就可以给别人奉献爱意，并不一定要等到我们有钱的时候。

教育孩子只有一条真正的途径，那就是首先教育我们自己。

良好的教养是指以我们最让人愉悦与友善的形式去表达自身的真诚及对别人的友爱。

让我们感到疲惫的，并不是有很多事要做，而是我们对这些事情的感知方式。

一个真正具有奉献精神的人能够在财富不多的情况下依然给邻居提供实在的服务。我们要明白，只要有心，就可以给别人奉献爱意，并不一定要等到我们有钱的时候。

如果父母意识到了自己的自私，并加以克服，那么从父母身上遗传了自私倾向的孩子克服这种倾向的能力就强，并能培养出无私的品格。相反，若是孩子的父母都沉湎在自私之中，那么孩子的处境就会显得很“危险”，因为孩子也会照样学。

除非我们理解并相信，只有在自己遵循神性法则的前提下要求孩子也去遵循这样的法则，才能让我们免于智趣上的骄傲与自我重要性的迷雾，否则，我们的书籍、谈话——所有关于教育孩子的理论都是毫无用处的。当我们依照自己遵循神性法则的爱意去教育孩子，就可以知道从哪里开始，从哪里结束。我们将知道如何更为自由地发展孩子的个性，如何更好地让他们从我们过往的经历中受益。在真正懂得如何教育孩子的家庭里，我们看不到自私的爱或是占有的骄傲，也看不到父母专横的控制，更没有扭曲的家庭成见，有的只是父母与孩子之间由始至终真正的陪伴。在孩子还小的时候，我们就必须要他们遵循神性法则，当然前提是我们也必须要这样做。我们可以在孩子缺乏知识时去教育他们；在他们长大成人以后，这种索取与回报就会变成一个相互的过程，对父母和孩子来说都是有帮助的。福禄培尔曾经说过："来吧，让我们的人生达到教育孩子的标准。"这句话说明了我们的生活对孩子是有很大责任的。让我们好好生活，让孩子清楚地知道我们对自身的标准以及日常生活中、工作时所表现出来的精神。唯有如此，我们才能以对自身相同的原则来对待孩子，让彼此在一个熟悉的原则下，开展坦诚的合作，成为真正的朋友。就算很多孩子还没有办法完全理解父母的苦心，但他们肯定也能模糊地感知到这种精神。父母是怎样的人，这在教育孩子的过程中要比他们的行为和语言更为重要。我们始终要记得一点，就是孩子只是尚未发育完全的男人和女人，我们有指引他们走向真正自由道路的责任和恩典，但我们只有把自己的路走好，才能谈论这一点。

第三章

良好的教养

想象一下花朵的美丽，天空的湛蓝，白云的形状与当它移动时所具有的优雅！人性最为美好的品质就是自然本身，当我们驱除了心中所有自私念头时，大自然会赐给我们这种品质。

第三章

一位面容粗犷的老人正在自家花园的栅栏后面割草，这是一个美丽的花园。一位中年女士在路过的时候，忍不住叫同行的小侄女欣赏一下。她俩在栅栏外看了一下，谈论着各种花朵，最后这位女士鼓起勇气与那位老人谈话，虽然这位老人与她们是邻居，但似乎对她们俩并不关心。

“伯奇先生，”女士非常有礼貌地说，“假如可以的话，我想带我的小侄女进入你的花园欣赏一下，我只是想让她欣赏一下这里美丽的花朵。”

“嗯，”伯奇的双眼都没有从割草的镰刀上抬起来，“我不会阻拦你们的。”

小女孩用写着疑惑的双眼看着自己的姑姑，但这位女士只是微微一笑，柔和地对伯奇说了声“谢谢”，就领着侄女走上台阶，往花园里走去。

在她们欣赏花园里美丽的玫瑰花时，伯奇走过来，长柄镰刀放在肩膀上，没有丝毫犹豫，健步从客人和玫瑰花之间走了过去。

“伯奇先生，这些玫瑰花真美啊！”女士说。

“嗯，是……是的，是很……很美。”伯奇在经过时回答道。

伯奇似乎突然间想到了什么，又朝她们俩走了回来——手里拿着一朵最美丽的玫瑰花，递给了小女孩，伸出手似乎要与女士握手。小女孩惊讶地看着姑姑，然后又看了看玫瑰花。这位女士的洞察力很强——就算伯奇的洞察力也很强，也难以发现这一点。所以，她立即说：

“亲爱的，伯奇先生送给你这朵美丽的玫瑰花，他这个人多好啊！”

小女孩听到这句话后，脸上绽放着笑容，手里拿着玫瑰花，轻轻说了声“谢谢”。之后，伯奇便一言不发地走开了。当她们离开伯奇的花园后，小女孩将玫瑰花递给她的姑姑，说："玛丽姑姑，这玫瑰花是送给你的。难道伯奇这个人不会让你感到恐怖吗？"

"亲爱的，你怎么能这样说呢？"姑姑回答道，"他并不是一个让人感到恐怖的人，他希望我们欣赏他的花园，他愿意为你摘下花园里最美丽的花朵——他是一个非常友善的人，只不过他不懂得怎样用最友善的方式去做而已。"

"不知道怎样去做！"小女孩满怀疑惑地说，"玛丽姑姑，怎么会呢？他在这个世界上已经活了这么多年了！"

最后，小女孩经历了长时间的默默思考后，又问道："玛丽姑姑，你认为伯奇先生想知道怎样用最友善的方式去做事吗？"

我曾经与一个人坐在一起用餐，这个人的举止极为得体，极为优雅。他知识渊博，与他交谈非常有趣。晚餐后，我与一位女性朋友在交谈时谈到了他，这位朋友也赞扬了他友善待人的行为，并且举了许多关于他为人友善的例子，证明他是怎样从多个方面为别人着想，以免让别人陷入麻烦或是不安。当那人走进客厅以后，我以全新的眼光审视他，再一次被他优雅从容的举止感染。

几个月后，我竟然在一列火车上遇到了他和他的夫人，这让我感到既惊讶又开心。与老朋友叙旧，这是一件让人很愉悦的事情。因为我们都是坐火车去旅行的，所以决定在接下来的几个星期一起玩。

在第一个星期里，我对他的敬佩之情不断增长，他似乎是我见到过的最有教养的人。但接下来的时间，我逐渐发现他的妻子总是为了能够让他觉得舒服而牺牲，而他却没有为她做任何事情，除非是连外人都觉得他这种忽视妻子的行为太过难看了，又或者是他对妻子的友善行为可以让别人赞美他几句，他才会应景似的做一下。他总是很有礼貌地对妻子说话，看起来一副很爱妻子的样子。但他的这种爱似乎是建立在妻子能让他感到舒服，并让他免于烦恼的基础上的。因此，妻子觉得丈夫是一个英雄，这不经意间助长了丈夫的自私，因为他真的觉得自己是一个友善、富于教养、具有基督精神的绅士。与我们一起旅行的一位朋友生病了，他在照顾这位朋友时显得极为细心与周到。他的妻子也为这位生病的朋友忙前忙后，做了很多事情，但她宁愿让自己站在不起眼的地方，以此彰显丈夫的友善行为。

后来，我们遇到一些似乎对他这种“绅士”行为并不买账的朋友。他努力地克制心中的怒火，依然以良好的举止习惯去应对，但到了最后，他心里的怒火燃烧得实在是太猛烈了，终于无法控制了，他粗暴的行为终于显现出来，让人感到非常低俗与残暴。我从未见过几秒钟之前还翩翩风度的绅士在几秒钟之后就变成一个滑稽小丑的场面。在旅程结束前，我们都还是非常“纯朴”的人，他依然没能恢复到以前用“绅士”风度待人的习惯中，即便是表面的应酬功夫，也无法达到爆发前看上去为人纯朴的程度。虽然他也深知这一点，总是会说一些让别人觉得愉悦的话，但却无法隐藏自己对身边那些低级趣味者的鄙视的态度。他让我想起了吉尔伯特写的一出名叫《真相的宫殿》的戏剧。剧中的国王有一座宫殿，每个走进宫殿的人都必须要说出内心真实的想法。国王这样做只是想听到自己希望听到的话。国王唱了一首歌，就问大臣觉得怎样。大臣恭敬地弯着腰，非常有礼貌地回答道：“陛下，这是一首很普通的歌，唱得也很普通。”这位大臣相信自己的意思是：“陛下，多么好听的一首歌啊！你唱得多么动听啊！”所以说，在真相的宫殿里，每个人都在表露内心的真实想法，最后国王习惯了这样的环境，导致自己丢掉了原先的护身符。这时他再也不想离开这个其实已经充斥着谎言的环境了。

我上文所写的这个举止优雅的人，其实就是生活在一个真实的“真相的宫殿”中，他表现出来的真诚经常受到一些让他觉得厌恶的人的挑战，但是他没有利用这个机会去审视自己，以便更好地认清自己。只有旁观者才能看到其中真实的一面，并从中明白一个道理，即良好的举止与友善的行为并不一定就是良好的教养或者真正友善的表现方式。

当然，我在上文所举的例子是最为极端的。但是，我们在日常生活中都能看到那个极端例子的相对温和或不那么冒犯的版本。我们可能没有意识到，它也不会引起我们的注意——不知有多少表面上举止得体的人，其实是不能被称为是拥有良好教养的，因为他们之所以举止得体，是想要在一个他们认为最好的社会里立足。我们最好认真地审视一下自己，看看自己良好举止背后的真诚度。要是我们真心希望了解自己，就不会为了让别人看起来不错而像是演戏一样活得很辛苦，也不会为了赢得别人的赞叹而假装拥有良好的教养。要是我们能够洞察到自己在生活中展现出来的不真实品质，就有助于我们获得真正良好的教养。要是我们时刻保持警惕，避免各种伪装起来的假象，那么缺乏真诚善意的伪装的良好举止，很快就会比恶劣举止本身更让我们感到厌恶。

良好的举止并不代表拥有良好的教养，就好像任何假花都无法让一座花园变得美丽——如果我们能够真正理解这一事实，并且按照这个事实出发，就将帮助我们发现人世间许多常见的虚伪情景。

良好的教养，是用我们最让人感到愉悦和友善的形式，来表达自己的真诚态度和对他人的友爱之情。

那位面容粗犷的园丁就不是一个拥有良好教养的人，虽然他本人很善良，但是这么多年来，他一直都没有努力去用一种友善的方式来表达自己的善意，所以在这背后肯定存在着某种自私的倾向，阻止他去改变这种粗鲁——甚至是让人反感的善意表达方式。一个人可以在毫无伪装的情况下依然举止优雅。对那些在主要原则上表现得体的人来说，即便他们在餐桌上表现得不是很理想，但如果他们能在这些细节上做得好一些，就一样会很出色。我们都知道林肯在成长过程中所遇到的困难，但他的一位同龄人在谈到林肯的举止时，曾这样说："他拥有一种让国王极为羡慕，让普通人鄙视的尊严。"

那些看上去对别人细心周到或是在每个细节上都表现得非常得体的自私的人，并不具备良好的教养，因为他所表现出的细心周到的友善只是他为了获得别人赞许的一种极为自私的表现方式，他用令人愉悦的方式展现出来的友善，不过是一个虚假的面具。要是我们真想知道谁是教养良好的人，最好要看他在紧急情况下的表现。很多假装成教养很好的人在遭遇海难或是铁路事故时，所有的伪装都会褪去，露出他们的真面目。

一些人遗传了某种友善的本能，但这也只是他们在生活中做给别人看的，只要稍微考验一下，他们马上就原形毕露。除非这些人能真正遵循神性法则，像爱自己那样去爱邻居，真正按照原则去生活，才能展现出真正的友善。我们之所以缺乏良好的教养，完全由于我们的祖父也是如此。要是我们遗传了某种良好的性情，使我们始终满怀着一颗感恩的心，就会明白很多遗传下来的好习惯都必须经过自身品格的锤炼，才能真正为我们所用。要是我们遗传了某些低俗、庸俗的心灵习惯，但同时又有足够的智慧和能力认识到这一事实，那么这些俗不可耐的习惯很快就能从我们身上滚开，因为我们会主动将这些东西抛弃，转而接受更为良好的影响。每个在地狱之外的男性都有成为绅士的可能，每个在地狱之外的女性都有成为淑女的可能。

所有良好的习俗都有其存在的正当理由。洞察力深刻的人都知道，具有良好教养的人无论到了哪里，都很容易适应当地的习俗。对邻居发自内心的热爱能让我们迅速了解别人所持的观点，让我们有能力以最为必需和恰当的方式与别人沟通。当我们对自身的固有行为抱着一种自私的想法，就会对那些与我们持相反意见的人产生一种抵触心理，致使我们难以理解或是融入别人所处的风俗习惯中。

要是我们真的具有良好的教养，就会变得充满爱心，细心周到，善于观察，在言行举止中迅速了解别人的需求。比方说，要是我们知道某人急于知道或听到某则新闻，但又没有这样的途径，那我们就要努力为他着想，让他尽快得到这个消息，而不是故意蒙蔽他。其实，我们可以在很多细节上为别人提供周到的服务，这对于教养良好的人来说是绝对有必要的。当我们这样实践的时候，就会发现自己能够迅速感知别人是否需要帮助。

友善对待别人，包容别人与我们的差异，这是良好教养的根源，良好的举止只是良好教养的枝杈，然后才能开花结果。

要是这个“根”能够牢牢扎在我们心里，然后认真仔细地进行培育，用不了多久，我们就能用让人愉悦的方式去表达善意了。

最后，让我们继续深入思考，审视一下造物主是如何采用令人愉悦的方式去创造万物的。想象一下花朵的美丽，天空的湛蓝，白云的形状与当它移动时所具有的优雅！我们心中满怀着最深沉的敬意，欣赏并感知自然的美感，意识到宇宙之美背后的爱意——其实同样存在于看似微不足道的人类层面——这种爱意就是所有良好教养的根源。人性最为美好的品质就是自然本身，当我们驱除了心中所有自私念头时，大自然会赐给我们这种品质。

第四章

时间的利用

若汝之目光专注一点，汝全身将充满阳光。

第四章

“亲爱的朋友——我之前就应该给你回信了，但我一直没有时间。你肯定无法想象，每天我都从早忙到晚。每天早上一睁开眼，我就觉得肩上的担子很沉重，不知道该如何完成今天的任务。到晚上入睡时，我也无法卸下因工作未完成所带来的压力。要是我生病了，我的家庭该怎么办呢？我真的不知道。别人好像都不愿意或是没有能力去承担责任。我还有许许多多的事情想要告诉你，但我现在必须要停笔了，因为我必须要去工作了。”

这封信的作者就算是去朋友家做客，也肯定是十分匆忙的，因为她觉得自己太忙了，不能待太久。就算她充当的是女主人的角色，并且极力表现出自己的礼貌，但客人还是能够感觉到一种“你们还是快走吧，我现在没时间”的气氛。她的眉宇间始终流露着一种压力，这种压力可能是慢性的，她没有办法真正地抛开这种压力，去好好享受一下休闲时光。

这个国家的许多商人总是处在一种“匆忙”的状态中，即便是在他们坐好之后，即使他们并没有一直盯着手表看时间，你也能产生这种感觉。很多商人都失去了真正享受假期的乐趣。我记得一位著名商人的轶事，这位商人的家人一致恳求他到外面旅行一段时间，因为他已经工作得过于疲乏了，但他却总是说自己不能离开岗位，特别是在每年的这个时候，因为一位大客户每年的这个时候都会过来采购，他感觉公司里其他人都根本没有能力处理。最后，这个人病得很严重，不得不远离工作一段时间。康复后不久，他在大街上遇到了那位大客户，便走上前去道歉，说是未能亲自处理他的采购事宜。这位几天就忙完了的客户对采购感到很满意，因此一脸惊讶地说：“哦！史密斯先生，难道当时你没有在现场吗？对于你的生病，我感到很遗憾。”

史密斯的自我重要感像被刺进尖刀一样——但他能像哲学家那样从中学会教训，再也不会强调自己在公司或是其他地方的重要性了。

这种自我重要感带来的压力比我们想象中的要强。事实上，很多时候，正是这种自我重要感造成了我们神经衰弱。很多毫无必要或是出于自私而承担的责任所带来的压力就像章鱼，一旦抓住了人，就会紧紧地吸附着，直到给我们造成严重伤害才肯罢手。

对这些自认为非常重要的人来说，疾病经常以一种实质上毫无意义的责任压迫着你的形式出现，与这种“幻觉”随时相伴的是自负，这也会让你感觉相当压抑。医生知道这完全是神经紧张导致的疾病，其根源就是病人自私的心态。有时，病人能从性格上消灭这类疾病的源头，虽然病人本身并不相信自己的疾病是源自心理问题，但若是他们能与医生合作，那么治疗效果肯定会非常好。

很多时常感到时间不够用或是无论做什么事都“匆忙”的人，其实都是背后源自自私之心的责任感在作祟。真正让我们感到疲惫的，并不是有很多事要做，而是我们对这些事情的感知方式。比方说，当我们准备做某件事时，就觉得好像有一百件事压在心头，结果导致这件事做得不好，于是便无法继续去做更多的事了。其实，我们只要一次做好一件事就可以了，要是我们专注于做好眼前的事情，那么不仅能感觉到做好某事的愉悦感，还能在简单的专注后享受更好的休息，同时让心灵充满弹性，让我们能够从一件事情顺利地转移到另一件事情上。真正深谙“若汝之目光专注一点，汝全身将充满阳光”这句话的精髓与内涵的人并不多。这句话代表的是一种健康的专注态度。因为，如果我们专注于神性法则，那么在日常生活中专注于工作，就成了顺其自然的事情了。

没有比一颗充斥着源自自私的责任感的大脑，在占用与浪费时间上更加让我们感到恼怒和无助的了。这些人缺乏一种均衡感，经常在某事上耗费大量时间，却在另一件事上十分吝啬时间的花费，这导致他们处理生活中其他事情上总是显得失衡。

如果我的读者觉得自己在利用时间方面感到了压力，可以尝试这样一种比较有效的方法：在你上床睡觉时，不断对自己说："我明天什么事都不用做，什么事都与我无关。"你的大脑肯定会马上对此进行"反抗"，此时，你可以对自己说："我这样说是多么荒唐啊，我明天有那么多事要做，沉重的工作压力已经压得我直不起腰了！"这时，你必须要迅速地回答："既然你有这么多事要做，那么你的大脑就更要保持冷静——让你的视线变得更加专注——以便能够在完成一件事后立即去做另一件，同时避免给自己太大的压力。"给大脑减压最好的方式，就是让大脑什么都不想，然后安然入睡。第二天早上，如果在你醒来后不想继续躺在床上浪费时间，那么你可以花时间穿衣服，在这个过程中思考一天的工作，让大脑能够以一种有序的方式去面对当天的工作。穿衣服这个动作或多或少都算是一种机械的行为，我们可以一边穿衣，一边思考问题。晚上的时候，你可以回顾一下这一天还有哪些事情没有做，在你入睡前，清空大脑，觉得自己明天什么事情都不需要做。在白天的工作中，不管你需要在忙完一件事后多么短的时间内去做另一件事，永远不要谈论这种"匆忙”，因为在很多情况下，我们匆忙地做事是必需的，但绝对没有必要去谈论匆忙。如果我们要求别人手脚麻利一点好让我们赶上火车，或者我们需要加快脚步去赴约会，我们可以在内心中默默地暗示自己，而不需要强调自己有多么匆忙。一般来说，谈论“匆忙”带给我们的压力要比匆忙本身带给我们更大的压力。

我们需要大脑养成一种习惯，这种习惯能够让我们主动消除对于那些必须要做的事情的抵触情绪，然后迅速果断地把要做的事情做好。这个过程会让我们的心态变得更加平稳，进而感觉到生活中各种事情所占的分量。即便我们无法完成必须要做的事情，至少可以说出自己做了什么，还剩下哪些事情未做。

以一种休闲的心态高效地完成工作，这是完全可能的。诚然，如果我们想迅速圆满地完成工作，那么心中就要保持一种休闲的感觉。这一点其实是可以证明的。当我们以一种休闲心态去工作时，就能够容忍别人打断自己，以安静平和的态度应对不期而至的事情，也可以随时从积极主动的状态进入一种欢笑玩耍的娱乐状态。心灵的这种转换模式能让我们觉得很自在，同时还能保持很高的效率。此时，我们的大脑就像是一架刚刚加完润滑油的机器。

不知多少人非常害怕他们的朋友生病，这并不是因为这些朋友工作劲头十足，看上去无法阻挡，而是因为这些人除了工作之外，就没有其他任何消遣了。当他们无法从事能够令他们专注的工作时，那种痛苦的感觉是极为强烈的——这样的反应通常会导致他们情绪低落或是陷入忧郁状态。

每个人都应该在假期的休闲时光里过得健康快乐，不管是五分钟、五天、五周或是五个月，都应该如此。要是我们失去了生活应有的节拍，也就失去了生活应有的平和与和谐感。

在利用时间方面存在着一种“沉重的懒惰”，这种“懒惰”与“匆忙”或是 “催促”一样，对我们的品格都有一种扭曲的作用。那些存在着“沉重的懒惰”的男女都知道自己应该去完成某些事情，并为自己拥有这种想法感到心满意足，但实际上他们却并没有立即去做。事实上，他们培养了这样的习惯，就是当他们觉得某些事情应该去完成时，便自我感觉很不错。但这实在是让人遗憾啊！在这种志得意满的心态里，他们通常没有把这些事情做好。这些人做事很少有麻利的。这些人很少真正用心去思考事情，而只是想着自己。如果你斗胆提醒他们要履行职责，有时他们会极不耐心地跟你说，他们心里有数。但是，如果他们“心里有数”就是最后的结果，那么你可能就要承受因为没有考虑到这个结果而带来的指责。要是这些人在某个时候有一个看似坚不可摧的理由去推托做某事，那么他就会感到心满意足。这种“沉重的懒惰”是持续拖延的结果，有趣的是，这个结果与我们因为过于沉重的责任而感到的压力一样。其实，这种“沉重的懒惰”就是压力的另一种表达方式。源于懒惰的压力通常表现为因嫉妒而产生的恼怒与顽固。对陷入懒惰习惯的人以及他身边的人来

怨恨，只是软弱时内心兴奋的一种表现形式而已。

与那些在心中设置了层层抵挡痛苦屏障的人进行争论是毫无意义的，因为他们已经躲在盾牌后面，这样的尝试也只会激发起他们种种的『借口』。

你必须要意识到一点，所谓受伤的情感，在绝大多数情况下，都只不过是受伤的自私罢了。告诉自己，你之所以感到受伤，就是因为你没有获得别人适当的关注，受伤的不过是你那想要获得别人赞美的情绪罢了。

如果我们出于自私而为别人承担痛苦，对别人是毫无帮助的，因为我们的自私让自己失去了作用。当我们发现自己因为别人而感到痛苦，首先应该做的就是将注意力转移到我们能为他做什么，并且立即去做。

说，这都是一件痛苦的事情。

匆忙的人大脑容易受到消耗，懒惰的人大脑容易陷入停滞。多数匆忙的人由于自私之心的缘故而觉得疲惫，而懒惰的人则安于现有的舒适，让大脑陷入停顿。不过，这两种方法最后究竟哪一种会给人带来更加沉重的后果，仍然需要细心观察。

在匆忙的人与懒惰的人中间，还有一种让人无法恭维的人，这种人就是游手好闲的人。本应该在半小时内完成的工作却花费了两个小时，这种做法实际上削弱了大脑的功能，最后导致了沉重的后果。我们不知道这种人在完成诸如穿衣服这样简单的行为时是否也会存在同样的情况，但有一点似乎可以肯定，那就是当他们意识到拖沓对大脑所造成的后果后，就会凭借意志，迅速有效地完成工作。改正拖沓习惯的一个好方法，就是坐下来，思考自己必须要做的事情，然后说出最为简单的细节，说过两遍之后，就站起来，马上去做。

利用时间与做其他事情一样，都需要我们在心里默默找到一个可以维持的平衡点。我们不应该渲染夸大，也不能低估所做事情的重要性。要是我们热爱工作胜过了热爱自己，并且愿意学习真正的原则，然后应用到时间管理上，我们就会发觉，肩上的重担正在慢慢减轻。有限的时间将不再像之前那样成为让我们感到痛苦的阻碍，相反会成为对我们有帮助的导向标和调节器。

第五章

金钱的压力

一个人是不可能通过忧虑来让自己赚更多的钱的，但一个人能用金钱换来什么，却是千差万别。

第五章

金钱对人的压力主要源自三个方面：一是想要赚到比现在更多的钱；二是在拥有金钱的时候却不愿意花；三是支出大于收入。第一种金钱压力的出现纯粹是由于我们的自私，第三种金钱压力的出现通常是由于我们不知道如何做到收支平衡。对于那些想依靠真诚的努力来实现收支平衡的人来说，他们可能要遭受更多的痛苦，很多对此不熟悉的人对于这一点是无法理解的。

一位穷女人曾说：“我该怎么办呢？该怎么办呢？我只有自己赚的这么一丁点儿钱，根本没有其他方面的收入。孩子必须要接受教育，他们必须要吃有营养的食物，但我必须要保持良好的身体为他们赚钱，直到他们有能力为我赚钱。”

许多尚未偿还的债务和孩子们不时的抱怨，使她几乎到了神经崩溃的程度，因为她的孩子拥有的条件比不上其他孩子。

这位女人的朋友曾经这样对她说：“阿丽莎，为什么你总是在晚餐时做甜点呢？这些甜点很贵的。而且从长远来看，这些甜点也并没有给孩子提供什么营养啊！”

阿丽莎马上用惊讶的口气回答道：“什么，晚餐后不吃甜点？那太可悲了！现在我们已经够寒碜的了，你难道还要让孩子对餐桌失去兴趣吗？”

“但是，孩子们之所以时刻感到焦躁，就是因为你总是处于这种压力之下。要是这种压力能够得到缓解，即便他们没有甜点吃，他们也可能会觉得更快乐一些。”

“但是甜点只占很小一部分开销——真的是很小一部分。如果有用的话，我以后可以不吃甜点。”

阿丽莎的回答非常真诚与愉悦——在面对朋友的批评时没有任何反感的意思。她的朋友觉得自己可以畅所欲言，于是在两人的谈话结束时，她们发现至少有十五到二十样东西并不是这个家庭或孩子们所真正需要的。阿丽莎一开始强烈反对放弃这些东西，但最后当她与朋友一起审视这个名单之后，她就承认了自己的反对是毫无意义的。在谈话结束之后，她觉得肩上的重担轻了，她站起来说道："我明白了，我明白了。在我有限的薪水里，我必须要控制开支，花些时间分辨出哪些东西是必需品，哪些东西是奢侈品，而且我必须也教会孩子去分辨。"

当朋友再一次见到阿丽莎时，阿丽莎脸上洋溢着笑容，她说："哈哈，现在孩子都喜欢上这种游戏了。我们在一起的时候过得很开心。让人惊讶的是，原来我们可以放弃这么多东西。现在孩子也学会了在物质匮乏的条件下寻找快乐，而不再像之前那样因为得不到一些东西而感到焦虑。"

朋友说："我在想，要是孩子们得不到足够的营养，或者没有衣服来保暖，他们会怎么样呢？"

"我想过这个问题。"阿丽莎说，"我知道这些对孩子的影响是最大的。但我知道一点，那就是不能因为我们无法得到某些东西而让自己处在压力之下，这样的话我们的思路就无法变得清晰，更加无法获得想要的东西。自从我不再因为自己赚钱不多而感到焦虑后，我赚的钱反而多了。现在，我的头脑更加灵活，工作效率也更高，这真是让我感到欣慰。”

阿丽莎经过仔细研究，发现了一些极具营养价值，而且价格也很便宜的食物。她为孩子的健康成长提供了帮助，并且获得了良好的结果。

缺乏金钱的人面临的压力大致可以分为两类：一是没有足够的钱买吃的或是穿的；二是因为没有足够的钱而在朋友面前显得寒酸。一个人是不可能通过忧虑来让自己赚更多的钱的，但一个人能用金钱换来什么，却是千差万别。

为我们能拥有多少金钱而感到忧虑，这是毫无意义的，但如果我们想着如通过金钱获得真正的最大的价值，那就是最有价值的。

人类最基本的物质需求包括居住的场所、有营养的食物、保暖的衣物，卫生用品。只有满足了这些最基本的需求之后，才有可能追求更为舒适与安逸的生活。

了解我们所吃的食物具有哪些营养物质，知道如何饮食才能让我们获得更多营养，这不是金钱能买到的。保持消化顺畅能让我们更好地消化食物和吸收营养。我们经常看到许多人——不论是乞丐还是百万富翁——都不知道或是不屑于了解如何才能获得最佳的健康与力量。一个将最后一分钱花在一块毫无营养的馅饼上的乞丐，与那些喜欢吃山珍海味而导致消化不良的富人相比，最后的结果不是同样都很糟糕吗？穷人每周两美元的饮食预算与富人两千美元的预算相比，其实都是一样的，可能很有营养，也可能缺乏营养。

穿着是否得体，绝不是一个单纯的金钱问题。

一个女人修剪整齐的头发与一个男人毫无皱痕的外套，对于提升他们的形象都是极有帮助的。一些人虽然很有钱，但还是没有提升穿衣服的品位的能力——除非他们能够按照别人的眼光去做——这要么是因为他们天生一副邋遢样，要么是因为品位不佳导致。比如，男人外套上显眼的皱痕，或是女人搭配衣服时不适合的颜色，都会破坏整体的形象。穿着得体，绝不单纯是有没有钱的问题。选择颜色搭配的衣服，从而增强眼睛或是头发的魅力，这是每个女性都应具备的品位。

要是我们冷静思考一下，不再因为没钱购买一些东西而忧虑，而是试着将真正的需求与肤浅的欲望分开——如果我们想培养一种满足真正需求的最佳方式，那么不管我们处在怎样的生活条件下，我们都能够惊讶地发现自己原来可以拥有很多，也可以在自己能力范围内获得很多东西。

从长远角度来看，金钱的压力是一个固有的观念，只要所赚的钱能够满足我们除了贪念以外的真正需求就足够了，其他的都不是它真正的价值。

“为什么你要这么辛苦地工作赚钱呢？”我曾经听到某个人这样问别人。

“因为我想富有，我想要尽可能的富有。”

“为什么呢？”

“如果有了钱，就能拥有更大的权力。”

“可是你的大脑只想着赚钱，等你赚够了，假设你真的赚够了，那么你大脑的其他功能也就萎缩了。那时你的唯一想法就是继续赚更多的钱。”

“嗯，即便是那样，我也宁愿冒这个险。”

这个人真的冒了这个风险。最后，他的大脑除了赚钱能力比较强大之外，其他的功能早已退化了，对金钱的固有观点已经完全控制了他。

债务，债务，债务，这是我们在花钱时感觉最为糟糕的压力。一些人就是有这种陷入债务的习惯。我认识一个人，他似乎天生就有一种陷入债务的倾向。我也遇到不少类似他这样的人，但我觉得他是非常特殊的一个人，因为他现在摆脱了债务，过上了幸福的生活。他下定决心要摆脱债务，在他偿还了所有的债务后，他觉得很不自然。于是，在接下来的几个星期里他又向别人借钱，此时，债务带给他的软弱感是那么强烈，让他看到了全新的自己，从此都不敢再陷入债务了。即使手头没钱，他也不再向别人借钱了。

很多人从小就很难认识到金钱的价值，这些人给他们的朋友造成了金钱上的压力。对他们来说，金钱似乎无足轻重，时常挥霍金钱的过程让他们感到愉悦和自在，即使是花别人的钱，他们也觉得心安理得。

我认识的一个男孩坚持要退学，目的是赚钱补贴母亲，他的母亲非常贫穷，每天都要为了给孩子提供面包与黄油而努力挣扎。这个男孩不得不离开学校，这的确让人感到遗憾，因为他喜欢学习，但他在某个地方找到了一份周薪三美元的工作，他就像一个勇敢的男孩那样去工作了。当收获了自己的第一份薪水时，他立即去买了糖果、鲜花及产自法国的小领结，然后高兴地带回了家。当母亲看到这些东西时，失望地哭了，但男孩对此无法理解。正是在母亲耐心的爱意中，他才逐渐明白金钱的真正价值所在，也明白了如何做到真正的收支平衡。

很多人会在突然间获得一大笔财富，特别是那些到美国西部挖金的人——这些人的祖祖辈辈都是劳工，这对我们真的很有教益。很多一夜暴富的人都难以认识到金钱的真正价值，他们花钱如流水，最后直到金钱全部花光了，又变回穷人。

我们经常看到一些人在某方面极为吝啬，但在其他方面却花钱不眨眼。花钱如流水与过分抠门都不是实现收支平衡的好方法。在花钱时过分吝啬、抠门，节约不该节约的钱，这是错误的，正如我们不应该毫无节制地花钱一样。要想凭借聪明才智在收支上取得平衡，不是一件容易的事，不过我们可以培养这种能力。

如果我们做到了收支平衡，不受赚钱、守钱及花钱这三种压力的控制，同时我们还能在租房、食物、衣服等方面之外剩下不少钱，我们就能够在其他方面明智地花钱，不论是为了别人还是为了自己，都是如此。

我们追求的是金钱上的平衡。金钱本身是没有任何价值的，它只是代表着一种价值而已。我们必须要理解，我们所获得的金钱代表着我们付出的辛勤劳动有了回报，而我们花费的金钱其实是我们在有偿地索取别人的服务，这些都是用金钱的形式来换取真正的服务价值。

因为金钱在这个世界上发挥着如此巨大的影响，所以如何使用金钱就反映了我们是否拥有真正的慷慨大度与平衡的品格。倘若我们现在比较穷，如果必须的话，我们可以过得苦一点，但也要做到收支平衡。我们也应该认识到千万不要去嫉妒富人，也不要因为别人拥有自己无法买到的东西而恼怒。如果别人具备买到奢侈品的经济实力，那么就让他们去买吧——假如他们能很好地利用金钱的话。如果我们没钱买奢侈品的话，那也要心安理得，好好地珍惜我们所拥有的东西。

很多人都说他们想要得到金钱的目的是帮助别人。绝大多数人这样想都是在自欺欺人。一个真正具有奉献精神的人在财富不多的情况下依然能够给邻居提供实实在在的服务。我们要明白，只要有心，就可以向别人奉献爱，并不一定要等到我们有钱的时候。我们可在以下三方面实行节约——节约精力、节约金钱与节约时间，并且在这三者中找到一个最佳的平衡点。当然，每个人在如何分配金钱方面的行为是有所区别的，应该按照实际情况区别对待。

要是一个人真想获得金钱、时间与力量的话，那么他就肯定能得到，他也能发现自己这样做背后潜藏的自私动机。如果能够在这三者中间找到真正的平衡点，就会发现这自始至终都是自我的一种表现形式，那时候，我们就能真正找到生活的平衡点。

第六章

一些怨恨

我们会开始培养一种让自己不受怨恨控制的习惯，我们会发现心中充满了喜乐——为自己能够生活在这个美好的世界并找到属于自己的位置而心存感激、心存善念。

第六章

“你这个淘气的孩子，为什么要扇弟弟的耳光？”

“是他先扇我的。”

“难道他先扇你耳光，你就有理由扇他吗？”母亲用双手摇了一下孩子，让他坐在椅子的一角，告诉他只有等到她允许的时候他才能站起来。接着，母亲满怀恼怒的心情走出房间，用手拉着她那第二个不听话的孩子。

没过多久，母亲想要去托儿所办些事情，受罚的孩子就想跟母亲套近乎。

“妈妈，现在我可以站起来了吗？”

“不行！”母亲以稍微柔和的语气回答，“你必须坐在那里，直到你认识到自己的行为是错误的，明白自己那样做对弟弟有多么不公平。”

过了一会儿，孩子喊道：“妈妈！”

“亲爱的，怎么了？”

“你之前不是说过吗？弟弟扇了我的耳光，但这却不是我扇他耳光的理由吗？”

“是的。”

“为什么呢？”

“因为当别人对我们做了不友善的事情时，我们也应该特别友善地对待别人。”母亲回答。

“妈妈！”

“怎么了？”

“当我淘气的时候，我是不是对你很不友善呢？”

“是的，你对我很不好。”

“嗯，既然这样，为什么你就不能特别友善地对待我呢？为什么你要摇我一下，并且让我坐这么久呢？还有，妈妈，你似乎对我很生气。”

母亲的内心有一股愤怒的情绪在慢慢滋生，但她是一位睿智的母亲，没有展现出这股愤怒，而是一言不发地迅速离开了房间。她爱自己的孩子，这个孩子虽小，但人小鬼大，之前已经给了她很多教训，但从没有像今天这样深刻。

她径直回到自己的房间，关上门，坐在椅子上思考。她清楚地知道自己惩罚孩子是因为对孩子淘气的行为感到愤怒。事实上，她做出的反应与孩子扇弟弟耳光时的表现是完全一样的，只不过她的年纪更大一些，更能将这种所谓的正义付诸实践而已。若是这位母亲的觉悟不够高，那么她可能会觉得自己那样做是极为正义的，然后就将这事忘记了。但是，她是一位洞察事理的母亲，清楚地看到了自己的行为与儿子的行为其实是毫无差别的，只不过她拥有惩罚的权力罢了。与此同时，她的内心对孩子充满了无限的爱意，虽然孩子在某些方面比她看得更加清楚，但她对于这个事实的了解和默认则显示出了自己的成熟。思考过后，她立即走出房间，与儿子解释清楚并和好。从那以后，她成为孩子更好的母亲，而孩子也成为母亲更好的儿子。

这位母亲对自己愤怒的情绪感到后悔，并为自己能够发现这种情况而感到高兴。当孩子的父亲回家时，她正给孩子讲着睡前故事。当孩子过来向他们道晚安并准备上床睡觉的时候，父亲看了一下手表，以稍微暴躁的语气说：“玛丽，我也希望晚餐能够准时，可是时间可能要比我们预想晚半个小时。今晚我还有个应酬。”

玛丽心中的怒火立即燃起，不假思索地说道：“你这也太夸张了，我好不容易才等到一位好的厨师，你总是——”玛丽突然停住了，因为她意识到自己这种情绪与早上惩罚儿子时的情绪是一样的。

丈夫意识到了玛丽突然的停顿，于是玛丽就向丈夫说了早上发生的事情，然后坦诚为什么自己刚才突然停顿了。

当天晚上，一些朋友过来拜访，他们谈论到一本玛丽特别喜欢的书。

其中一位朋友在听到这本书的时候，大声笑了起来，并以嘲讽的语气谈论这本书。玛丽当时就想立即开口进行尖锐的反击，但她还是在开口之前控制住了自己，因为这也是同一种愤怒的心情。在朋友们离开后，玛丽坐在沙发上，精神处于一种无比震惊的状态。

“怎么会这样呢？我怨恨所有的事情！我恨刚才那个女人所穿的衣服，那衣服真是太没品位了，穿在她身上根本不合适！我怨恨那些人，因为他们去看过歌剧，而我们却没有钱去看！我真是一个傻子，我这一辈子都带着这样肮脏自私的情感，可我竟然不知道！”

正当玛丽一直在心里反思自己为什么羡慕与怨恨别人的时候，她的丈夫走了过来，坐在她身旁。

“玛丽，”丈夫说，“我一直都想不明白一件事——客户不按着我为他制订的计划去做，结果造成了损失，虽然受损失的不是我，但我还是感到生气，有时候甚至无法控制。就在我即将爆发的时候，我突然这样想——‘为什么要这样呢？那个家伙对我也没有造成什么损失，而我却愤怒得想要杀了他！’”他的妻子笑了，他们俩都笑了。

第二天，丈夫詹姆斯回家后，用悲喜参半的语气对妻子说：“我今天怨恨了一天，因为别人抢了我一直想要的案子；我怨恨，因为我的手下不小心割到了手指；我怨恨，因为我的打字员犯了一个很低级的错误；我怨恨，因为在吃午饭的时候，服务员让我等了很久！这难道不让人觉得奇怪吗？你觉得我们的生活是不是都潜伏着一种不易觉察的怨恨之心呢？我们现在是不是敏锐地发现了这一点呢？”

“我经常注意到这一点，”玛丽说，“当我在某方面受到启发，就会想要在这方面了解更多。”这时，她并没有说出自己那么做的目的，因为她想要真正地发现自己，这也是她现在正在做的。

而另一位母亲，面对着自己略带哲学家头脑的儿子的发问，反而将与自己顶嘴的孩子斥为“淘气的小男孩”，而不会对孩子的疑问进行思考。

正是因为玛丽对于真心发现自己这件事感兴趣，才会激励丈夫也去找寻真正的自我，现在他们俩一起走在发现自我的道路上，却没有陷入一种病态的自我审查的习惯中去。他们这样做是非常有益的。那些对发现真正自我感到高兴的人都不会陷入病态的自我审查中。在解决内心怨恨这件事情上，只有全面了解，才能让我们获得充分的自由，没有更好的办法。

怨恨就像是燃烧过后的烟雾，虽然升得不高，但想要完全散去却不太容易。这种“烟雾”始终在那里，只要别人有一点点言语上的提醒，就会像遇到了一阵清风一样吹过脑海，让大脑无法认清事实。

一些人对着我们无理取闹！一想到这里，我们的怨恨之心又上来了。在那一瞬间，大脑就发热了，变得认不清事实真相，神经处于一种亢奋状态。我们越觉得自己受到他人的批评，这种怨恨之心就生发得越快，强度也越大。

一些人做了一些事或是说了一些话，然后我们就觉得自己的自尊被伤害了，觉得别人那样的说法真是太粗暴、太鲁莽与缺乏教养了——甚至还会觉得那是残忍的。接着，我们的怨恨之心便上来了。在我们尚未意识到的时候，大脑就被燃烧后的烟雾遮蔽，不知道该如何进行回答，不知道该怎样不卑不亢地进行反击。

不卑不亢与怨恨是不可能同时存在于同一个人身上的。

良好的判断力与怨恨是不可能同时存在于一个人身上的。

在慷慨大度的善心与怨恨之间，存在着一条难以逾越的鸿沟。不论我们觉得自己是多么诚心地为别人服务——如果这种诚心染上了怨恨的习惯，那我们就必须要养成一种摆脱怨恨的习惯，否则我们为别人服务的行为就缺乏真诚。

即便我们学会了如何将怨恨之心扼杀在萌芽中，我们也要随时保持警惕。

怨恨会蒙蔽大脑，让神经系统感到困乏。

在运用非对抗性法则时，有这样一条法则——绝对不允许自己对对手所说的话感到恼怒。

所有哲学家都知道怨恨是极为愚蠢的，而且绝对是诸多愚蠢中最为愚蠢的。但是，很多哲学家却不知道压抑、怨恨之心会对我们造成多么大的伤害。

我可以努力避免由于怨恨而说一些话或是做一些事，因为这样的言行或是想法会影响自己所能得到的利益——因为这会让我在与别人竞争时处于劣势。同时，我也可以拒绝在心中满怀怨恨的时候说话、做事，因为怨恨本身就是我所憎恨的邪恶，因为我喜欢一种真正对人有帮助的安静的力量，并希望用这种安静的力量来克服怨恨。

在第一个阶段，我只能依靠自己的意志力来压制这种怨恨之心，但它肯定还会在某个时候突然爆发，也会以其他方式给我带来伤害。在第二个阶段，我能够逐渐清除这种怨恨之心，并努力通过清除残余的怨恨来实现真正的自由。

怨恨，只是软弱时内心兴奋的一种表现形式而已，永远都不可能对我们有什么好处。相反，它还会给我们带来巨大的伤害。怨恨让我们的大脑处于一种慢性的恼怒状态之中，导致我们消化不良，身体孱弱——是的，怨恨还是消化不良的一大原因，它会影响我们的工作效率，扭曲我们的品格，抹黑我们的灵魂。

在我们摆脱怨恨之心的道路上，存在的主要障碍就是绝大多数人根本不想真正地发现自己。要是我们真正想发现自己，就会努力地挖掘自己，那么我们很快就会惊讶地发现，原来怨恨之心一直躲在我们从未想过的角落里。之后，我们会开始培养一种让自己不受怨恨控制的习惯，不久后，我们就会发现大脑、神经与身体都变得轻松，心中充满了喜乐——为自己能够生活在这个美好的世界并找到属于自己的位置而心存感激、心存善念。

刻意摆姿势肯定要比自然更需要精力。你最好能做到表里如一，否则当你表演给别人或是自己看的时候，那么你的压力就会翻倍，甚至会扭曲自己的本性。

当我们尊重别人的观点，并拒绝抵触这些观点时，那么我们的人生将出现另一番景象。

对大学女生而言，她们最亟需的身体需求就是学会如何休息：不是那种无所事事的休息，不是那种愚蠢空洞或是缺乏活力的休息，而是让身心得到足够的休息，这意味着我们拥有充满活力与健康的神经系统，从而能够全身心投入到学习、工作中去，能自由参加各种活动，不会在匆忙中失去自然。

能给生活注入全新活力的消遣能让我们不逃避要面对的工作，能给工作注入力量的消遣是生活圆满的一部分，若没有它的存在，生活是不圆满的。

第七章

借口与托词

无论一个人表现得多么不公平或是让人反感，在我看来，要是我因为他生气或恼怒，那么这完全是自己的过错。

第七章

正当我们准备出发去看演出的时候，一个人问道：“我们的票呢？”这时，简以特有的声音惊叹道：“糟糕！我忘了订票了！”我们立即打电话询问票务，但戏剧马上就要开始了，因为时间太晚了，已经没票了。每个原本想着下午可以看场好戏的人都感到非常失望。

“简，你怎么会忘记呢？”母亲问，“我一周前就跟你说要订好票。”

“妈妈，我知道。但我这一周都很忙，忙得简直是晕头转向。”

“星期一下午你并不忙啊，因为我看到你正在看一本小说。”

“是的，但后来你就出去了，就在你出去之后没多久，我就想要打电话订票，但我不知道你们想要坐什么位置。”

“星期二，”母亲说，“我一整天都在家啊，你也在家。你随时都可以问我想要坐哪里啊。”

“是的。那天我打过一次电话，想要订票，但是一直占线。”

就这样，这母女俩继续你来我往地对话，简随意地回答母亲的问题，每次都说上一大堆借口，却坚决不承认自己没有做好别人交代的事情，没有做好自己答应过别人的事情。

有些人，准确地说是很多人，都会采用这种迂回式的辩解方式。他们不是勇于承认自己的错误，而是千方百计地为自己开脱，这真让人觉得可笑与愚蠢。如果我犯错了，就让我大胆地站出来承认自己的错误，这样的话，我就有勇气认错，而不是被内心一些不情愿的想法所蒙蔽。如果我犯错了却不愿意认错，那么这种不正常的情况通常是有两种原因：一是错误本身造成的；二是我们必须要对自己或其他人撒一系列的谎来造成一种假象。如果我犯错了，并且勇敢坦率地去承认，然后就有改错的勇气与力量。一般来说，这样能让我们在短时间内认清并改正自己的错误。我们会发现自己正在朝着更为美好健康的道路前进，如果认识不到这一点，我们就会无限期地背负着这个沉重的负担。

如果我们的脸脏了，就会马上照镜子，看看脏东西在脸上哪个位置，然后立刻清洗干净。如果我们有一个坏习惯，这在镜子中是无法看到的，可是我们的一些朋友却能充当一面“镜子”，他们通过模仿我们的一些行为就会让我们了解到自己的坏习惯。这样的话，我们就能够认清自己。与此同时，我们可以找到适当的方法，然后努力加以改正，直到获得最后的自由。要想摆脱这些坏习惯，我们一定要意识到这种思想上的惯性，要时刻防范这种惯性对我们所产生的不良作用。要想完全认清自身错误的状态，并不是一件容易事。很多人都选择继续保持原先那种极端自私的性格，因为他们这种习惯已经形成了，这让他们觉得舒服自在，虽然他们身边的人可能会因此觉得痛苦。

我曾认识一个女人，她说话时发音含糊，几乎每个人都要费很大的劲才能听明白她想说什么。后来，她努力地学着纠正自己的发音。不过，在她看来，正常的发音是那么不自然、不舒服，于是她又恢复了以前那种说话含糊的习惯——而不是坚持把语速放慢，说清楚点，以免朋友无法理解自己的话。对此，她给出的借口是，故意放慢语速会让自己觉得在别人面前显得很突兀，而她自己也感觉很别扭，她无法忍受别人将目光聚集在自己身上的那种感觉。很多人都有长期养成的不良习惯，只要他们稍一努力去改变自己，内心就会激起一个又一个反对的借口，以此来证明自己没必要去改变或是无法改变这个事实。

一些人无法接受这样一个事实，那就是自己身上存在很多缺点，接受这个事实让他们觉得很伤心。在这一方面，女人表现得特别强烈。很多女人不愿意面对自己的自私行为，因为这让她们感到伤心。当然，她们也不会毫无遮拦地表达出来，她们会说："如果你这样看我的话，我真的无法忍受，因为这实在是太可恶了。"她们会指责你太过无情和残忍，有时你甚至会觉得她们说的很有道理，因为她们把自己弄得就像一只"被鞭打过的小狗"。只有在你冷静地观察这些人一段时间之后，才能发现事情的真相——那些指责你过于无情的女人其实是在为自己的自私做辩护。她以自己无法承受你的批评为借口，因为她不愿意听到这样的批评。至于你提出的批评是否正确，却并不是她所关注的。

我认识一个男子，他时刻都抱怨母亲对自己的专横爱意，因为那让他感到束缚，无法获得自由。他每做一个决定，都要受到母亲的影响，根本感觉不到生活的自由。我问他为什么不试着挣扎一下，以平静与友善的方式指出母亲的错误，他说："我试过了，但这让她感到极为伤心，有一段时间，她甚至觉得自己快要死了，并且把她这种感受告诉了我。"当然，这个男子为人也比较软弱，不敢挣脱母亲的束缚。当你的某位亲人对你说，如果你指出他的过错，那么还不如杀了他。如果你觉得说出别人缺点会给别人造成一种比杀了他们更大的痛苦的时候，那么你再坚持把真相说出来的行为就显得太残忍了。

和那些在心里设置了层层屏障的人进行争论是毫无意义的，因为他们会躲在屏障的后面来抵挡痛苦，与其进行争论的尝试只会激发他们寻找种种"借口"，对那些大脑思路清晰的人来说，一旦陷入"借口"背后的旋涡，就很难驱散脑海里的迷雾。唯一的办法就是按照你所知道的正确方法去默默生活，然后尽量少为自己找借口。

当你必须要面对别人找借口的情况时，就用问题来回应别人的借口，而不是指责那人，或是断定那人是在找借口。如果你想帮助别人认清自己的错误，那就永远不要指责别人。

“你说我不能向你表明我的想法，因为我觉得你在这件事上犯了错，你无法接受这个观点。我说的对吗？”

“是的，我就是这个意思。”

“那我们就不能再讨论这个问题了，对吧？”

“是的，我们不能讨论，因为我不想听。”

“很好，如果你不想听，那我们就不说。”

你与朋友谈论的这件事，到此就结束了。你必须就此打住，为朋友留下足够的空间，或者你可以将话题变得更为轻松和有趣。

这一系列对话所展现出来的结果一般都要很晚才能出现。你平静的问话口气会让人觉得这些都是非常荒谬的借口，在这之后，那个找借口的人可能就会有所领悟，这样你就有机会与他进行平静的沟通，这样的效果靠指责是无法获得的。要是你一味地指责他们，他们肯定会心存怨恨，那么时间将会变成让他们心中滋生怨恨的温床，却无法让他们慢慢看清掩盖在借口背后的那种空虚的感觉。

如果你想揭露别人虚假的借口，那么必须要以安静、友善的耐心来对待别人。如果你不能友善地向他提出问题，那你最好还是不要去问。

耐心地关注别人所持有的借口，这能够帮助我们更好地看清楚找借口的动机。“他让我很生气，我不想和他说话！”这是很多人为自己的粗鲁或不公平的做法所找的借口。认识到这一点，能够让我们第一次如此清楚地看到，这些人有多么愚蠢。

我们之前可能从没有想到过一点，就是我们不能任由自己变得愤怒或是感到不满，我们应该让自己的心态变得平和，而不是让愤怒或是恼怒的情绪占据我们的内心。无论一个人表现得多么不公平或是让人反感，在我个人看来，要是我因为他生气或恼怒，那么这完全是自己的过错。虽然我们可以经常容忍别人因为不明事理而找借口，但我们最好永远都别找借口。

每个人都可以把自身特殊的性情当作借口。“我真的忍不住要发脾气了！”“那样的话，就没人能够帮助我了。如果你想要帮助我的话，那你需要换一种方法。”“我觉得自己还可以做得更好，但我没有足够坚强的品格，我只是现在还没有而已。”

你找到属于自己的借口了吗？

“我不知道怎么会变成这样，但不知道为什么，我总是无法做到准时，我始终做不到井井有条，我就是这个样子！”

“你是听谁说过自己变成这个样子，就永远都会这个样子呢？”

接下来，借口就是：“这就是我的性格。”

难道你不知道一个人对于自身性格的误解，其实并不是性格本身吗？每一种性格都有自身的优点和缺点。事实上，每个人天生都遗传了某一种性格，这种性格中都会有一点扭曲，但是人生的工作就要努力剔除这些扭曲的成分，展现出自身善良友好的一面，这样的性格能够帮助我们取得成绩。所有将自私或邪恶行为归结于自身“艺术气质”的人如果都能意识到，他们其实是在为自己扭曲的性格找借口，而不是为性格本身找借口，这样的话，他们就能避免许多毫无必要的痛苦与悲伤。当某个人用一个根本不靠谱的借口来掩饰自身的错误行为，那么他脑海中就会冒出很多理直气壮的理由，来支撑他所持的观点，并认为自己这样的借口是很有理据的。争论之所以显得愚蠢，是因为这样做通常会激怒和他谈话的人，接下来肯定是一系列的“回嘴”——这是被激怒后一种非理性逻辑的表现——最后的收场，肯定是一种带有孩子气的无理取闹。一个人揭穿一个借口，另一个人再找其他的借口，就这样来来回回，这种对话场景，我们已经见得太多了。在大脑冲动的情况下，这种事我们不知道干过多少次。

这让我想起了一个故事，内容是关于两个黑人打架的。其中一个能言善辩的黑人对另一个黑人说了很多恶毒的话，最后他不得不停下来喘口气，而被骂得狗血淋头的那个黑人已经气得说不出话来，只能结结巴巴地说道：“你对我说的那些话，都是在说你自己！”

在毫无意义的“唇枪舌剑”中，我们与这两个黑人其实是没有区别的。不论我们如何用不带脏话的字眼去骂人，其实在心里早已经将对方骂了千百遍。唯一安全的做法，就是当我们感觉到争论过程中出现了恼怒的情绪，就要马上停下来！不论你的对手看起来有多么强词夺理，即便真的如此，也都要停下来。如果我们觉得自己有点火大，也要停下来。要想我们能够在对话过程中不动声色地放下自己的恼怒情绪，只有经过多次训练才能做到，否则就不够保险。如果对手感到恼怒，那么他的恼怒情绪就会刺激到我们。如果可以的话，双方就在相互尊重的前提下，说明彼此的恼怒情绪，然后双方约定，一旦出现这样的情况，就暂停交谈，等双方冷静下来后，再慢慢交谈。接下来，我们要努力做一些有价值的事：清除心中的恼怒情绪，用意志力和安静的祈祷赶走这种情绪，一旦出现了这种情绪，就要努力地消灭它，使它无法在心里找到能够落脚的地方。

“回嘴”不仅廉价，而且毫无意义，甚至还会给我们带来一种毁灭的危险。“回嘴”的倾向必须要在萌芽时将其扼杀，直到我们完全克服了这个习惯。在我们完全从“回嘴”的奴役中获得自由以前，必须要放弃自己各种随意而为的想法，直到最后使内心获得平静与自由。这样做的第一个结果就是内心再也不愿意为自己找任何借口了，它使我们培养了一种在别人说话时保持安静与尊重态度的习惯。

借口催生“回嘴”，借口与“回嘴”联手斩断了人们进行真正交流的纽带。让我们努力摆脱二者的桎梏，与别人开放地对话、交流，并从中获得力量与欢乐。

第八章

如何克服敏感的性情

一种乐器，它的做工越精细，对于演奏的反应就越迅速，那么这种乐器就越具有价值。一个人的性情越是敏感、细腻，那么他对于环境的反应就越大，这也更能激发出他的创造力。

第八章

不论对我们还是对他人而言，真正想解决个人的敏感性情，首先就应该认识到，人类的敏感性情其实是一种极为重要的天赋。不论什么人，都应该将它看作一种需要真心珍视的天赋，并且在内心对此存着一种感激之情。

“如果简能够不那么敏感，她肯定能过得更加开心——比现在开心很多，同时也能让别人觉得更加开心。她的情感那么容易就会受到伤害，这真是让人遗憾。”

这话说得很对。如果简没有那么敏感，她的生活就会过得更舒服、更自在，也不会给别人带来困扰。一个女人越是愚蠢和冷漠，过得就越是舒服自在，也不会给邻居带来毫无必要的烦恼。要是我们真心审视这种观点，就会发现它所说的其实是一头吃饱了就睡，过得优哉游哉的猪。猪并不会因为环境条件有限而痛苦，而是悠闲地待在猪圈里，吃饱了睡饱，最后变成人类餐桌上的食物。如果想从某一种观点中发现真正的价值，就可以使用这种极端的逻辑推理方法，或是由这种方法得出的结论，然后看我们是否真的需要这个结论，并做出最后的判断。事实上，不只是这个方面，在很多方面，这种逻辑推理方法都是非常奏效的。当然，我们现在需要单独就个人敏感性情的话题展开讨论。

一种乐器，它的做工越精细，对于演奏的反应就越迅速，那么这种乐器就越具有价值。音乐家不会认为班卓琴的价值要高于小提琴。同理，我们可以说，一个人的性情越是敏感、细腻，那么他对于环境的反应就越大，这也更能激发出他的创造力。当然，我们认为这对人性也是适用的。一个人的性情越是敏感，那么他对身边人的反应就越是迅速，就更能发挥出自身的才华。一个人的耳朵对音乐特别敏感，那么他就可能成为杰出的音乐家。一个人的眼睛对色彩与形状特别敏感，那么他就可能成为杰出的艺术家。我们知道，一般来说，这样的例子是成立的，但为什么我们的个性与性情就不能完全适用呢？事实上，一个人越是敏感，他的潜能就越大，他能够察觉出哪里存在着不和谐，然后用自己的意志去克服，更加主动地发挥自身的潜能，营造出一种和谐的局面。

那么，一个人的敏感性情到底是怎么回事呢？为什么性情敏感的人看上去都很软弱，都缺乏效率呢？个人的敏感性情其实是对美好事物的一种扭曲，事实上，敏感的性情不止会扭曲人们对于美好事物的认识，还会让人受到这种性情的控制，让他的这种天赋失去发挥的空间，还会反过来不断地瓦解他，让他变得软弱。要是那些遭受过敏感性情的痛苦的人了解这种毁灭性的危险，他们就会义无反顾地想着如何摆脱这种危险。当然，如果这种敏感性情是适度的，不会给个人带来危险，那么就应该充分地利用这种天赋。

如果这篇文章能够给那些遭受过敏感性情的痛苦的读者开出一个“药方”，并获得他们的认可，我将感到非常荣幸。如果他们能够按着我开出的“药方”来“治病”，那么过一段时间他们肯定能够有所收获。

首先，我要重申一点，你们应该为自己拥有敏感的性情而心存感激，你绝对是需要这种性情的。第二，要将兴趣点放在如何努力摆脱个人敏感性情的过程中，而不是将注意力集中在自己的情感受到伤害的这个事实上，无论发生什么样的伤害，都不要沉湎其中。玛利亚说：“哦！我真希望自己能够摆脱这种病态的敏感性情，它实在是太恐怖了。我敢肯定，没有人会知道我有多么痛苦。”当别人责备她，不管是有意或是无心，都会使她陷入自我怜悯的泥潭。如果你对她说，现在应该重新站起来了，她会感到愤怒，对你说：“要是别人这样对待你的话，你也不会好受的。”

每当詹姆斯走进一个房间，就会留意房间里其他人是否对自己给予了适当的尊重。苏珊的邻居请客人们自便，因此忘了把奶油递给她，苏珊于是就坐在桌子后面，紧紧靠着一个角落，蜷缩成一团。诸如詹姆斯、苏珊、玛利亚或是简这样的人，即使别人没有数落他们，他们也会感到莫名的失望。他们总是忙着寻找别人的责备，以至于在脑海中经常会幻想这样的场景出现。别人说的毫无冒犯的话语也都会被他们牢牢地记在心里，从而使他们的自尊心受到严重的伤害。

但是，简、苏珊、玛利亚与詹姆斯同时也都遭受着敏感个性所带来的痛苦，他们也意识到这绝对是一种毫无必要的束缚。但是，他们还是宁愿沉湎在一种情感伤害中，而不是想着如何获得解脱。

读者们——如果你也正遭受着这种痛苦，那么直面自己，审视一下，当你敏感的性情被唤起以后，比起怎样摆脱这种感觉来，难道你不是更加关注自己的情感是否受到了伤害吗？看看你身边的人，看看他们遇到这种情况时是如何处理的，看看到底是什么刺激了他们敏感的性情，然后从中找到真正的自由。

不论我们之前是不是已经习惯了某种不正常的心态，只要我们能够依靠自己的意志找到解决问题的药方，就不会让人生之帆完全失去可以凭借的风的力量。但是，问题在于，我们的心态很消极，而个人敏感的情感却非常“积极”。很多时候我们都是用一种消极的情绪去克服它，但我们真正的意图却不在这方面。如果真的能够依靠自己的意志来克制敏感情绪，并能坚持不懈的话，我们就将惊讶地看到，自己的情绪可以迅速变得积极，并且赶走所有对我们生活造成毁灭性打击的情感。

詹姆斯走开了，在特别需要他记住玛利亚的时候，他却将她忘记了。“詹姆斯，我为他那么努力，为他承受了那么多痛苦，但他竟然无视我，将我遗忘了。”

“玛利亚，先别管那个。在这个例子里，你从未忘记詹姆斯，并一直在为詹姆斯努力，这一点与詹姆斯偶尔将你忘记比起来，哪一个让你觉得更可悲？”

“这还用说？当然是为詹姆斯而努力了！”

“那你为什么还要觉得自己可怜呢？为什么不对詹姆斯的行为感到遗憾呢？”

“因为詹姆斯把我忘了，这让我很受伤。”

“如果你不想让自己的感情受伤害，不想因为詹姆斯忘了自己而痛苦，不如就将全部心思迅速投入到工作上，以此来帮助詹姆斯变得更细心，这不是更有效的利用自身能量的方式吗？又或者你还可以采用更好的方式，假设你觉得詹姆斯可能有一些好的理由，例如，他还没有养成细心待人的习惯，他也有属于自己的烦恼，等等，为詹姆斯找一个合理的解释，能够让你更好地了解他，也能够让他知道你是他更好的朋友。你要做的不是由于他忽视了你而生气地闷坐在那里。”

“嗯，嗯，嗯，”玛利亚说，“这些我都知道，但我在情感受到伤害时，始终无法停止去想这些，我只是沉沦其中，无法自拔。要是我选择了其他方式，不仅能让我忘掉自己的痛苦，还能够帮到詹姆斯，那肯定是再好不过了。但这对我来说如鲠在喉，就像让我在牙痛时吃饭一样，实在是太难受了。”

“玛利亚，你觉得要是真的能够抛弃了自己这种敏感情绪的话，你能不能变得更高兴一些呢？你是否真的相信自己确实是真心诚意地想要努力抛弃这种情绪的？”

“是的，就是这样。为了摆脱这种敏感情绪，我愿意做任何事情。”

“嗯，既然这样的话，那么就集中精神，好好地听，我将教会你怎么去做——当你牙痛的时候，吃饭时记得用另一边牙齿去吃。”

当你的情感受到了伤害，不要从痛苦的一面出发去行动、说话或是思考——要等你觉得自己已经摆脱了这种受伤的情感之后，才去做心灵认为正确的事情。首先，你需要与自己的心灵对话。你必须要意识到一点，所谓受伤的情感，在绝大多数情况下，都只不过是受伤的自私罢了。告诉自己，你之所以感到受伤，是因为你没有获得别人的关注，受伤的只不过是你那种想要获得别人赞美的情绪罢了。

当然，受伤的情感会用各种各样的借口来搪塞，从绝对自私的角度来看，这都是极为合理的，但你肯定不愿意听到这些借口。你要全身心地关注导致你情感受伤的最为核心的原因和根源，勇敢地直面自私的根源，然后拒绝与之发生任何联系。每天在出门的时候，都抱着一种盼望周围的人都来伤害你的态度，这样你就可以慢慢地锻炼自己去无视这种痛苦了。每当你觉得自己情感受伤时，就将这些经历变成一种锻炼，让自己慢慢从中解脱出来。这样做并不会让你变得麻木，相反，你会越来越充满活力，智力也会变得更加敏感，你将获得自由，可以更加幸福地利用自身的敏感性情。这种锻炼方法绝不是要分散我们的注意力，也不是让我们专注于其他事情，更不是让我们从不正常的敏感情绪中抽离出来，以至于在下次的情绪袭击中变得不堪一击。只有找到自私背后的原因，正视它，拒绝它，我们才能获得一种真正对我们有益的情绪。当我们处在获得自由的过程中时，即便我们已经忽视了受伤的情感，但这种受伤的情感还是会持续很长一段时间。有时，它会出其不意地冒上心头，给我们带来一阵剧痛，造成一种我们似乎永远都无法摆脱它的假象。诚然，我们永远都无法摆脱这种受伤的情感，但我们可以通过意志，以积极的心态来看待，并朝着追求自由的方向前进，那么这种敏感的习惯就会消失。就目前所知，我们在过去或多或少都是一个性情敏感的人，但我们有意识地与之进行了艰苦的斗争，这种斗争于是渐渐变成了一种潜意识，直到有一天，我们醒来之后，突然发现这种习惯已经消失不见了，这时，你可能还会感到十分诧异。即便如此，我们依然不能过分的自信，因为这可能是对我们的一个考验，因为个人的敏感性情是一种非常微妙的东西，它会以各种细微的方式呈现出来，要想完全根除的话，需要耐心地与之进行长时间的斗争。

在与别人打交道的时候，我们必须要保持一种温和、灵活的态度，同时做到积极、向上与友善。嘲笑别人的敏感性情或是企图通过不断的指责来帮助他们，都是无济于事的。

如果由于他人不断的指责而让自己敏感的性情变得麻木，那么这种麻木只会有一个结果——死亡。这一点是我们必须要牢记的。当敏感的性情摆脱了个人的成见，那么他就可以健康地利用这种性情。我们很快就能发现别人的指责，有时候甚至比常人还要快，但我们并不会为此感到痛苦，只会为对方感到遗憾，我们想的是如何帮助别人，而不是如何阻挡别人。

在我们清除了自身个性中扭曲的成分之后，敏感的性情就能更为真实地看到人性在各个阶段的表现。当我们的自私以各种形式表现出来，并且给我们带来消极的态度时，我们的进步就会缓慢、沉重，令人难以忍受。当我们用积极的态度压制住各种诱惑以后，我们就能与天国的法则同行，不惧地狱的烈火。任何事情都是我们的兴趣决定的，只要这种兴趣能够沿着真实与积极的方向前进就行了。

第九章

自私的痛苦

当我们的内心完全想着为别人服务，而不是为了表现自己这种心态的时候，我们才能完全放下所有的自私，让自己全心全意地为别人提供真正的服务。

第九章

“你有没有帮到她？”

“没有。她陷入深深的痛苦中，根本听不进我的话，甚至都不想和我说话。”

“你真是太残忍了！你说话怎么能这么无情呢？她现在陷入低谷，遇到了各种让她感到失望的事情，还要面对你这么可怕的态度，难怪她会崩溃。你肯定没有遇到过像她那样的痛苦，否则……”

说话的人突然停了下来，她意识到自己已经失去了谈论的依据，因为听她说话的这个男人正转过身，朝着窗外望过去，嘴里还不自觉地低声吹起了口哨。

事实上，这个男人此前非常突然地失去了父母。在父母的养育下，他觉得自己很富有，后来却发现自己身无分文。他不得不离开大学，为生计而奔波。他经过许多挫折，遇到很多恶劣的人，最后终于通过努力完成了学业，现在经营着一家中等规模的企业。

那个与他交谈的女生是知道这一点的，所以当她发现自己的话语戳到了别人的痛处时，就停了下来。

他突然转过头，面对着她，脸上露出了灿烂的笑容，说道："麦琪，麦琪，难道你不知道，如果一味地沉湎于痛苦之中，那么就将一无所获这个道理吗？今天早上，当那个脸上写满痛苦与自怜的女人看着我时，我想对她这样说：'你这个愚蠢的笨蛋，难道你不知道自己的痛苦是因为事情不如意造成的吗？'"

"你这是什么意思？"麦琪更为愤怒地打断他，"当你一心为了帮助家里的弟妹而不分日夜地刻苦学习时，难道你不想一切如意吗？当你已经尽力了，但却以失败告终时，难道你为此感到痛苦也是一种自私吗？"

"麦琪，她想要通过考试，对吗？"

"想通过考试？当然了，她当然想通过考试！"

“但是，她选择考试这种道路来帮助家庭，不是已经被证明是行不通的吗？”

“也许吧——但这是很好的道路，也是很无私的表现。”

“我并没有说选择这条道路不好，也没有说这是自私的表现。这点你不会否认吧？”

“不会，我当然不会否认这一点。”

“很好。她之所以哭，是因为她想通过考试，但最后却没有通过，对吗？”

“是的，”麦琪仍然顽固地说，“我想是的，但谁又能帮她呢？”

“我的朋友，现在你可以回答我这个问题吗？她遭受这样的痛苦，究竟能让她获得什么好处呢？”

“什么好处都不能得到。”

“难道她不是正在失去自己的能量、健康、力量、睡眠或是身体营养吗？因为她没有食欲，也无法睡眠，难道她不是正在失去这些东西吗？”

“是的，是的，她的确正在失去这些美好的东西——你想要说什么？”

“我想说的是，如果她怀着无私之心去考试，希望能借此获得受教育的机会，日后再为家人提供帮助与受教育的机会，她就一刻也不会沉湎于痛苦和悲伤之中，因为她会拿出所有的勇气去面对这样的结果，然后想想接下来应该怎么办。”

“那你为什么不这样跟她说呢？”

“我跟她说了刚才那些话，虽然没有这么直白，但是，她认为我这样说是因为我对她存在着严重的误解。如果我跟她说，她之所以遭受折磨，是因为她想要让所有事情都顺着自己的心意来，那么，可以想象，这会让她陷入一种几近崩溃的精神状态，至少我们俩以后都不可能再做朋友了。我们最好让她大声哭出来，特别是当我们能够为她在更好的条件下提供一次考试的机会时，也许她就能够听进去我所说的话，我觉得这还是有些机会的，在她耍小脾气的时候，我会继续照看她的。”

“耍小脾气？汤姆，难道你不为自己这样说感到羞耻吗？”

“麦琪，一个是默默地帮助她，一个是对她发表一番高谈阔论，然后袖手旁观，你觉得哪种行为更无情？”

“这个，我认为肯定是出口不出力的人更无情。但我觉得你在言行上也应该表现出怜悯之情。”

“小孩！我只是告诉你事实而已。我知道我说话的语气可能有点重，这一点你也是知道的。其实，让你恼怒的不过是我说话的语气罢了。她让自己陷入这种痛苦之中，其实就是在耍小脾气。如果你深入探究一下，就会发现她一开始并没有因为考试失败而痛苦——她之所以痛苦，是因为她觉得身边的人都没有重视她的努力，都不喜欢她，或是没有按照习惯对她进行赞美，所以她用一种懊恼的情绪来表示反抗。她之所以觉得痛苦，是因为她希望别人都能过来给她一些鼓励与赞美，能给她一些帮助，但是别人却并没有这样做。这时，她的痛苦源自她所想的并没有遂意，但这并不是一种表现无私的方式，而完全表现出了她希望得到别人赞美的欲望。麦琪，我告诉你，这个世界上有超过一半的痛苦是因为人们想要让事情遂自己的心意。他们之所以哭得像个小孩，是因为事情没有像他们想象的那样发展。我知道这一点，是因为我以前的经历就能证明。看看你那两岁的孩子，在他看到糖果时，难道他不会伸出手臂，想要用手去抓住糖果吗？而当你拿走糖果，对他说‘不，不，你不能吃糖果’的时候，难道孩子不会哭得更加厉害，甚至像得了失心疯一样喊叫吗？当时，路易莎·帕娃的脸涨得通红，根本不听你的任何解释。麦琪，我跟你说，她深深地陷入自己制造的痛苦中，根本听不进去我说的话。她就是一头自私的猪，但却坚信自己是一名无私的殉道者。现在，我要想想怎么帮她。”

汤姆说完就走开了，麦琪一个人坐下来静静地思考。她的大脑一遍遍地自动重复着汤姆刚才说过的话，脑海里笼罩已久的迷雾似乎消散了。她渐渐感到惊讶，为自己理解了这样一种全新的观点感到不可思议。她突然说：“当然，我们都想顺心遂意，这肯定就是我们感到痛苦的原因。”接着，她脑海似乎又想到了什么，说：“但是痛苦本身并不能帮助我们顺心遂意。”接着，她又想到：“对，对，这是放纵——痛苦就是自我放纵的一种形式，本质上与自我放纵是毫无区别的。而在我们无法自持的痛苦过程中，是无法得到自己所需要的力量的。哦，我的天啊，路易莎·帕娃是一头自私的猪。她哭，是因为她得不到糖果。现在我就去告诉她，她肯定会听我的话，这一切是那么清楚明白——到时候，她听到我的话肯定会感到高兴，肯定会迅速走出痛苦，重新获得力量。”麦琪立即出发赶往路易莎的住处——此刻，她觉得自己的心里充满了常识，急切地希望能够表达出来。唉！可她得到的回答却是：

“麦琪，在我忍受痛苦的时候，你怎么能这样对我说话呢？”

“但是，路易莎，难道你还不明白吗？醒醒吧，如果你能想明白的话，情况肯定会完全不一样的。”

“不！我看不清楚。你这么缺乏同情心，我不想再听你说话了。麦琪，这不像你啊！唉！我真的很想家啊！”接着，路易莎把头埋进枕头里，继续耍着自己的“小脾气”。

那天，可怜的麦琪对人性的好与坏有了全新的认识。也许，她的这位朋友以后也会明白这一点吧。不过，我真不知道她究竟什么时候才能明白。

很多人会想当然地认为，这种自私的痛苦几乎是女性所特有的，而男性就不会这样。我对此表示怀疑。事实上，男性这种自私的痛苦，是通过恼怒与残暴表现出来的。

我认识一个男的，他的妻子患有重病。他饱受焦虑的困扰，对每一个接近他的人都板着脸孔，人们觉得他似乎是疯了。他用这种方法“复仇”，用来缓解事情不如意带给他的痛苦，他希望妻子能够尽快恢复健康，但他这样的希望完全是出于一种自私的考虑，那就是让自己过得满足、舒适。他有一种极其强烈的占有欲：她是他的妻子，他不想失去她。所以，这种强烈的痛苦其实充满了自私的味道，并且用故意冷漠地对待别人与发泄恼怒的情绪表现出来。

“失败盘旋在我的头顶，不知道接下来应该怎么赚钱，你叫我怎么能开心起来呢？”某一天，这位丈夫对他那位焦虑的妻子大声咆哮。

“詹姆斯，詹姆斯，你怎么忍心让我受这么大的罪呢？”这个可怜的女人哀叹着说。

他与她都沉湎于自我的放纵之中，这是一种彻头彻尾的自私的痛苦。他说自己已经尽力了，但事情还是这样，所以感到自卑。她也说自己尽力了，而事情也没有改观。他们俩都紧绷着神经，将怒火发泄到对方身上。他们都觉得对方太自私了，却看不到自己的自私。

如果丈夫詹姆斯能够停止这种自我放纵，给妻子玛利亚一些安慰，他就会让内心平静一些，也许能够更加明白应当如何解决眼下遇到的经济困境。如果玛利亚真心想给予处于经济困境的丈夫一些帮助，她也应该停止这种自我放纵，这也许会对他有所帮助。也许，她在理财方面的能力要比丈夫更强——倘若她有这样的机会去证明的话，谁又知道结果呢？当然，她也可能会将自己面临的痛苦转嫁给已经深陷困境的丈夫，这样就会让丈夫的命运变得更加艰辛。

“这些痛苦我都能忍受，但我不能让某某人忍受痛苦。”很多人都会这样说，而且通常都带有一种志得意满的骄傲感，似乎是在宣布：“我这个人多好啊，我从来不会想到自己，我总是为别人着想，为别人忍受痛苦。”但是，我的朋友啊，与希望别人顺心相比，我们肯定更希望自己顺心，要是我们不能以高标准来要求自己，就更不可能用高标准为别人服务了。

如果我们出于自私而为别人承担痛苦，对别人是毫无帮助的，因为我们的自私让自己失去了这种作用。当我们发现自己因为别人而感到痛苦时，首先应该做的就是转移自己的注意力，想想我们能为他做什么，并且立即去做。如果我们什么都不做，那就让我们保持良好的身心状态，随时准备着去帮助别人。通常来说，我们帮助别人最好的办法就是让自己处于良好的状态。

要记住这一点很难，要真正做到这一点更难，因为有一种障碍阻止了我们，那就是我们喜欢让别人来感受到自己的重要性——所以，我们会去为别人遭受痛苦，会去为别人做各种事，直到把自己弄得焦头烂额，然后还觉得自己很无私。当我们的内心完全想着为别人服务，而不是为了表现自己这种心态的时候，我们才能完全放下所有的自私，并且从这种自私的痛苦中解脱出来，让自己全心全意地为别人提供真正的服务。

也许，由自私带来的一种最为流行，也是最应该制止的一种痛苦——恕我直言，就是由爱别人产生的痛苦。她之所以感到痛苦，是因为她爱他，而他并不爱她。别人的任何劝说都不可能让她从这种痛苦中解脱出来，结果她身边的每个人都为此感到痛苦，而她还坚信自己的余生会一直这样爱下去。有时，她会觉得自己没有必要让别人因为自己而痛苦，或是她太高傲了，不想让别人知道这回事，然后，她会把这件事埋在心底，选择一种平静的方式去放纵自己的痛苦，有时甚至会将自己的人生封闭起来。要是这些因自私而痛苦的人能够懂得做人应该无私一些，那就好了。她们一直想得到那个她们深深地爱着的男人，这是一种带有强烈占有欲的爱，但这种爱却是不够资格的。

她们想要得到心里爱的那个人，这种念头已经固化了，因此她们根本不会静下心来看待这个念头，也无法确定自己爱上那个人究竟是对是错。她们从来没有想过，自己可能只是陷入了一种爱意之中，而不是爱上了某个人。更为重要的是，她们并没有清楚地意识到一点，那就是婚姻之爱必须要建立在相互了解与相互接受的基础上。无论男女，若是他们觉得自己爱上了某个人，而他们所爱的那个人对此却毫无反应，那几乎可以肯定，这就是一个错误，这有可能只是一种对于爱的占有欲。我们越早摆脱这种占有欲，就能越早拥有这种真心爱别人的能力。

我也可以轻松地说："是的，我们都知道，由自私带来的所有痛苦，都只是因为我们的欲望无法实现，但我们该如何让这种欲望停下来呢？"这个问题的回答是，在天生自私的欲望背后，我们自身都有一种自由的意志。

用心思考，就能认识到这样一个事实：我们之所以痛苦，是因为欲望无法实现。这样的认识能够帮助我们摆脱自私欲望的控制。当我们不再为了自私的欲望去思考、说话或是行动的时候，那么，自私的痛苦就能慢慢从心底消失，我们的思路也会越来越清晰，虽然可能没有想象中那么快乐，但我们可以怀着安静之心稳步前进，并对此感到满意。要获得这种自由，通常需要很长的时间，但只要我们拒绝生活在由自私带来的痛苦中，就能毫无怨恨地接受这个事实，认真做好眼前的工作，这个过程需要我们的耐心，但只要能够做到这一点，那么我们就将踏上追求自由和全新力量的道路。

第十章

行善的自私

我们之所以行善，原因可以是希望成为别人眼中的好人，也可以是希望觉得自己是个好人，又或者是我们真心想做一个好人。

第十章

我们之所以行善，原因可以是希望成为别人眼中的好人，也可以是希望觉得自己是个好人，又或者是我们真心想做一个好人。

如果想要知道一个人行善的动机是什么，并且判断这个动机是真实还是虚假，我们所要做的就是专注于这个问题，并且愿意发现自己。

简做了一件事，她认为詹姆斯会为此感到高兴。她为这件事牺牲了很多，忍受了巨大的麻烦，只想让詹姆斯到时候大吃一惊，但她在这个过程中也觉得非常疲惫。有人会说："哦，简，你是多么无私啊！你从来没有想到过自己，你总是在为别人而活，看到你这么疲倦真让人不忍心。"这时，简会回答说："没事啦，只要能给詹姆斯带来惊喜，让他高兴就好了。""啊，你是多么可爱啊！"邻居会这么说，并且在离开时认为简确实是一个不错的女人。简也毫无察觉地沉浸在这种满足的快乐中，虽然没有说出来，但她的心里却认为自己是一个可爱、细心与无私的女人。

确实，她拥有一种生活在20世纪的圣人的姿态。她的"作品"完成了，惊喜的过程也随之结束。她告诉了詹姆斯自己为他所做的一切，并让他好好欣赏一下，但詹姆斯对简所做的一切并不领情。假如简能够更加关心詹姆斯的需求，而不是一厢情愿地使用自己的善意，她可能就会知道这样的结果。詹姆斯不仅没有感到惊喜或是高兴，相反，他感到震惊与痛苦。在那样一个激动的时刻，他没有隐藏自己的不满，而是用一种强烈的情感表达出来了。这对简产生了什么影响呢？她的工作，她的疲惫，她的善意与友爱都没有获得回报，她没有得到快乐，她得到的只是愤怒。简变得很愤怒，泪水止不住地流，她回到自己的房间，关上大门，一整天都没有走出房门。

哦！简啊简，你这样做的本意是想让自己开心呢？还是想让詹姆斯开心呢？如果詹姆斯对你做的事感到很满意，那么你会为他感到快乐吗？又或者你只是自以为做了一件好事，然后就盲目地沉浸在那美好的结果上了呢？

如果因为詹姆斯不喜欢你所做的事情而觉得失望，你就愤怒地哭喊，然后伤心地把自己关在房间里吗？如果你真的是想让詹姆斯高兴，而不是纯粹为了自己的乐趣，那么你就应该重新再做一次，而不是将自己关起来，愤怒地大哭。为什么你没有看清这一点呢？

简真是短视到了极点，因为她从一开始就很盲目。她为别人所做的好事或是为别人着想的时候都充满了自私的情绪。她希望詹姆斯能对自己所做的事情感到快乐，当她这种自私的欲望破灭以后，那么她对詹姆斯的反应感到愤怒，也是很自然的事情。这一切都源自她行善时的自私心态。

要是有人说："嘿，简，醒醒吧，这只是一场考验。你觉得自己是个好人，是个无私的人，但这件事情证明你并不是这样的人。当然，你觉得失望是很正常的。但如果你是因为詹姆斯不喜欢而感到失望，而不是对自己感到失望，那么你可以立即去更正自己所做的那件事——而不是把自己关在房间里，顾影自怜。”如果有人跟简说这些话，而且简也能听进去，并且认识到其中的道理，然后立即改正，那么这必然是简人生中的一个转折点，这会让她逐渐摆脱那种自私心态所带来的负担。无论从哪个角度去看，在我们完全抛弃这种出于自私之心的善行以前，我们的潜意识里始终都会背负那种沉重的负担。

简和詹姆斯的例子是发生在我们身边的很多事情中的一个，也许，对绝大多数人来说，这种事情每天都会发生，只是表现的形式不尽相同而已。如果我们能够明白这个事实，小心这种考验，并且在面临考验的时候适当进行运用，那么我们就拥有了一种全新的视野，对别人也有了全新的认识，对生活也有了更深的洞察力。自私的善行总是会带给我们一种无形的压力，并且默默地消耗着我们的活力。

刻意摆姿势肯定要比自然更需要精力。你最好能做到表里如一，否则当你表演给别人或是自己看的时候，那么你的压力就会翻倍，甚至会扭曲自己的本性。

当某人总是摆出一副好人的姿态，那他这种“好人”能好到哪里去呢？在我们伪装自己，表演给别人看的时候，我们能够用一种轻松或是相对轻松的姿态去发现自己，但是在我们想把自己都骗了的时候，想要发现这一点是很难的。

“对于你的帮助，我真的感激不尽！”

“哎呀，没事，应该的，能够帮助你，我也是三生有幸啊！要是能帮到别人，我也一样感到十分荣幸。”

上面这段对话，第一个说话的人认为“他这个人真不错”，第二个说话的人则认为“我确实不错啊！我表现出了好人的姿态，真是棒极了”。

现实生活中有太多诸如“大哥，谢谢你！我只是一个卑微人物”这样的说法，这样的说法可能在你、我，甚至每个人的身上出现过。也许我们根本就没有意识到，如果我们想要获得宽阔的视野与自由的生活，最好鼓励自己去发现真正的自我，并且去掉虚伪的一面。

有人说，精神失常是自负情绪“开花结果”的表现——在我看来，精神失常有时也是所谓“善行”的一种偏激的表现。我认识一个人，他交游广泛，待人友善周到。“只有史密斯先生会想到这一点。”当史密斯给生病的孩子带去一些有趣的玩具时，孩子的母亲这样说道。事实上，史密斯对别人的细心周到与友善的言语真的让人印象深刻。但史密斯的妻子和孩子却被他慢慢忽视了。一开始，他的妻子觉得他这样做只是出于善心。她对丈夫的爱是盲目的，在听到别人赞美丈夫时，她也觉得非常高兴。事实上，她与丈夫同时伪装着，共同表演着。后来，妻子在“表演”过程中去世了，结束了“夫唱妇随”的局面。史密斯则继续维持着一个“好人”的形象。我想，他现在肯定会认为自己是当地最为著名的公民，也是最好的人。

对他而言，这种伪装和表演带来的危害是慢性的。他的“善行”慢慢被耗尽，使他深深陷入精神失常的旋涡里。他的智力没有问题，他平时的生活习惯也很健康，但他的道德伪装却让人深深地感到恐怖。极少数人发现了他和他的妻子“行善”是出于自私之心，但公众还是认为他的人生是为别人而活的。唉！他对自己拥有这样的声誉感到满足。他在餐桌上举止得体，时常会举办宗教集会，他会对年轻人谈论宗教——用他的话来说，宗教是最实用的。他会与年轻人交朋友，并给予他们建议。这是一个人所能想到的最极端的伪装形式了，在我认识他之前，我甚至从来没有想过世界上竟然还有这样极端的伪装方式。在认识他之后，他的品格与举止似乎是在指出别人在细节上的伪装，当然我也未能幸免。我们可以将他这种行为称为“木偶”，因为连“演戏”都算是高抬了他。

那些声望甚高、受人尊敬的人都会在某个不为人知的角落里，出于自私之心去“行善”。他们会定期到教堂，他们会坚定地支持政治改革，他们会给多个慈善机构捐款，更别说单独给一些小型慈善机构或是个人来捐款了。这些受人尊敬与声望甚高的教会人士都喜欢披上伪装——用善行来掩饰自己的私心。你无法用教堂礼仪之外的任何方式去接触他们，不管你的方式多么友善，都无法触动他们。

这个世界上有太多的伪善者、太多的税吏和太多的原罪主义者。与两千多年前相比，这些人的表现有过之而无不及。

要是我们稍微研究一下他们的行为方式，再研究一下基督耶稣对这些人的评价与对待这些人的方式，再回头看看今天的情况，我们就会发现，在别人或是自己身上，其实也存在着同样的行为方式。若是我们愿意，我们可以遵循基督耶稣的生活原则，他从真正的善意出发，处理那些源自自私之心的善行。直到今天，这样的处理方式仍旧会给我们带来全新的视野。

如果我们真的想循着这种视野去发现善行真实存在的基础，那么首先就要抛弃那种“我们比别人更加优秀”的念头。没有人能够真正地说出别人身上的真正品格。即便是最为优秀、拥有最独特视野的人，也只能说某个人在某个位置上是不适合的，似乎更适合另一个位置。在这个世界上，要想从整体上去评价一个人，在他的机会和诱惑之间找到一个平衡点，这是不大可能的。很多人都有一种自大的想法，他们认为只要保持谦卑，就有可能避免一种情况的出现，即对他人的洞察力变得越来越敏锐和自己的视野变得越来越宽阔。

在很多出于私心来行善的人中，也许真正善良的人不在少数。但我却没有见到几个，可能是因为他们展现出来的光芒掩盖了他们内在的善心。每当我看到别人身上存在的缺点，我就必须要提醒自己应该尽量去避免，这样我才能去帮助他克服这些缺点，当然前提是他给了我这样一个机会。要说我对他观察之后就能够了解这个人的全貌，简直是痴人说梦，只有全能的上帝才能做到这一点。

第十一章

另一种观点

让我们试着去理解别人的观点，并且尊重别人的观点，因为他们拥有这样的自由。我们必须要尊重这种自由，并且让这种尊重浸透于自己的灵魂、心灵与身体上。

第十一章

要吵架，至少需要两个人，这话不假，但一个人可以制造和平，这话也是真的。自己能够主动不参与吵架，这是一回事；理解对方的观点，并且能以友善互惠的精神去对待对方，这是另外一回事。前者是消极的做法，可能让自己尚未来得及释放的仇恨被压制，而后者则是积极的，但只有当我们都拥有最为宽广与明智的爱意时，才可以做到。

吵架是一种让人反感的交流方式。“我始终反对与人吵架。”某人说。这人可能对邻居的一些行为固执地抱有偏见，但是他压抑了这种想法。与直面对方、和别人公开吵架相比，他这样做给自己带来的伤害其实更大。压抑自己的情感，不与别人吵架，比吵架本身带给自己的伤害更大。我们压抑自己的情感，虽然避免了与人发生争吵，但我们的潜意识会感到愤怒，我们的行为也因此会发生微妙的变化。总而言之，用压抑情感来避免吵架的做法，既会对我们自身造成不良影响，也会对激怒我们的人产生不良的影响。当我们以友善的“糖衣”包裹自身的愤怒时，这种不良影响仍然会存在。我们所谓的友善，一旦受到某些突发事情的刺激，就会让压抑已久的仇恨迸发出来。那时我们就会对自己感到十分惊讶，才意识到不应该将仇恨隐藏在心里，然后再用友善的“糖衣”去紧紧包裹。

生活中的突发事件考验着我们的品格。那些想要锻炼内在力量的人都会以欢迎的心态去迎接生活的每一次考验。

这些考验来自“决定我们命运，控制我们前途的天意”。上天并不会认为这是对我们的考验，或是专门为我们设置的障碍。专门等待上天的考验，这是没有任何意义与价值的。另一方面，要是在考验到来时不敢直面，那么我们就会变得软弱。没有什么比勇敢面对不期而遇的考验更能让我们提升自身能力了。

我认识一位朋友，他曾遭受某人不公正的对待，但他觉得自己已经完全原谅此人了。其实不公正对待他的人就是他的亲哥哥。为了照顾哥哥，他经常花费很多心思。他对哥哥极为友善，关照哥哥的需求，尽量为哥哥提供生活方面的必需品。他帮哥哥做了很多事情，这些事情有些哥哥是知道的，而有些则是在暗中进行的。他跟我说，每当他遇到什么好事，都会跟哥哥一起分享。他这样说的时候，显得很真诚，没有夸张或是自以为是的感觉。但是，他哥哥某一天突然在“不公正的路上”走得太远了，这让他忍无可忍，之前被压抑的想法就像泄洪的闸门被打开了一样，他对哥哥说了一大堆仇恨的话，如果这些话代表的能量能够被收集起来的话，是足以杀死两个人的。对于自己的表现，没有人比他更惊讶了。他为人真诚，在内心的仇恨被激发时，他没有想着去压抑这种仇恨，而是用各种不堪入耳的话语发泄了出来。当他劈里啪啦地把这些话说完，并且觉得筋疲力尽时，他自己都觉得不可思议。然后，他用一种麻木的语调说话，似乎发现了一个全新的自己："原来这些东西一直都藏在我心里啊！"之后的几天里，他一直都觉得头脑沉重，整个人都麻木了。我知道他对自己的行为感到悔恨，因为他偶尔会说一两句话，表明自己正处于一个改变目标的过程中。与此同时，他没有为哥哥做任何事情，甚至再也不接近哥哥了。他似乎失去了对于照顾别人的自信心。但是，我知道他在这方面的能力还是很强的，他只是暂时躲避一下狂风，等时机成熟后，肯定会再度扬帆起航的。有一天，他说："哈里在给我制造麻烦的时候，总觉得自己是对的。"

"是的。"我回答说，"我知道他是这样想的。但如果他为人能更慷慨一些，或是拥有更为深刻的洞察力，他就会知道自己其实正在做一件让别人觉得极其卑鄙的事情。"

"但是，"我的朋友说，"他做人并不慷慨，也没有深刻的洞察力。无论做什么事，他都是从自己的观点出发，他觉得自己的观点总是完全正确的。”

这时，我对他有些不满，因为我觉得他正在陷入一个伪善的怪圈。我语气尖刻地回答说：“他的观点也算不上明智与深刻。当然，你也必须要接受这一点。”

“但是，他的观点却得到了大多数人的赞同。”

“难道这会让他的观点显得深刻，或是看起来没那么愚蠢了吗？”

“不，不，不，这只会让他更加无法认清事实和真相。现在，你回答我的问题：他是在做一件自以为完全正确的事情吗？”

“是的，他认为那是正确的。”

“那么，有没有什么理论可以说服他，让他知道自己做错了呢？”

“我觉得没有什么理论可以让他睁开眼睛，看清事实和真相。”

“难道他不觉得他和我一样，都在为了过上美好的生活而努力吗？”

“他肯定是这么想的，但我认为他会觉得自己比你更努力。”

“嗯，既然这是他的观点，那我为什么不能尊重他的观点呢？”

此时，我几乎可以肯定——他陷入了伪善的怪圈中，于是，我满怀着失望跳起来对他说：“杰克，你在说什么呢？如果你相信自己的观点，那你怎么可能去尊重一种与你的观点完全背道而驰的观点呢？这真是太荒谬了。”

“我的朋友，坐下来，先坐下来。”杰克以平静的语气说，“你肯定要怀疑，但我并没有用糖衣炮弹式的话语来说服你。”我们都微微一笑，然后我继续静静地听他说话。

“我所追求的，”他说，“就是绝对的公平，你听到了没有？是绝对的公平。如果某人是色盲，错误地使用了某个颜色，难道我能因为他给我的生活带来了问题或是无尽的烦恼而去责怪他吗？我并不一定要接受他所持的观点，但我尊重他的观点。如果我们都是从事科学研究的人，在同等条件下，他要进行某个化学分析实验，而我敢肯定这样做会给实验室造成损失，也不会有任何好的结果。当我把我的想法告诉他以后，如果他还坚持自己的想法，难道我有权利去阻拦他吗？”

“我觉得你没有权利。”

“嗯，既然这样，那他和我一样，都有坚持自己观点的权利。这不是一个谁对谁错的问题，而是关乎个人自由的问题。每个人都应该尽可能地去尊重别人所拥有的自由权利。”

“哦，我明白了。”我有一种茅塞顿开的感觉，心中充满了一种前所未有的愉悦感。

“很好，我很高兴你能明白这一点，”杰克说，他的脸上现出快乐的微笑，就像发现了什么全新的事物一样。“现在，请继续留心听我说，我还想跟你说一些道理呢，我也希望你能接受。”这时，他咯咯笑了一下，抬起头，似乎在思考一些问题，他的大脑似乎将他脸上的表情都抢走了——他皱起了眉头，然后脸上又出现了表情，眉头也舒展开来了。每一个了解他的人都知道，他肩上的重担已经卸下来了。他的哥哥与其他人还是原来的样子，从外貌上看不出什么改变，但是，我的朋友杰克，他已经变成另一个人了。我的思路随之被打开，对杰克所持的观点充满了兴趣。在杰克以自信的口气说话时，我极为专心地聆听。

“现在请你注意这一点，”他说，“难道你没有看到吗？问题的根源在于，我一直反对哈里的观点。”

“你知道他的观点是错误与愚蠢的，你反对又有什么用呢？”

“但我的反对有没有让哈里的观点看起来没有那么愚蠢或是错误呢？”

“没有——因为你不认同他的观点。”

“是，我当然不会认同他的观点。”

“既然如此，那你反对还有什么用呢？”

“你应该还记得，我们昨天看了一个故事，故事讲某人通过错误的途径慢慢爬到了一个高位，之后再用貌似诚实的说法来为自己辩护，证明自己所做是正确的。你还记得当时我们都说此人的野心蒙蔽了他的理智，而他那看似有理的说法其实是不堪一击的吗？”

“是的。”

“你还记得，这个人为了爬上高位，不择手段地去打压别人，给很多人造成了伤害的内容吧。”

“是的。”

“他给别人造成的伤害肯定要比我哥哥带给我的伤害

大——不论我哥哥怎么说或怎么做，是不是？”

“是的。”

“但你对这个人的行为有没有什么抵触呢？”

“没有，我为什么要抵触他的行为呢？这与我无关啊！”

“对了，就是这个道理！因为‘这与你无关’，而我哥哥的行为却与我有关，正是我的自私之心对他的做法产生了抵触情绪，而之前我又在无意识中压抑了这种抵触情绪，最后这种情绪终于在某个时刻被唤起，导致它浮现出来。正是因为我出自绝对自私之心的抵触才让我没有发现，原来我哥哥的行为与观点是完全一致的。正是由于我之前自私的抵触才让我们无法像现在这样看得这么透彻。我跟你说吧，当我们尊重别人的观点，并拒绝抵触这些观点的时候，那么我们的人生就将出现另一番景象。别人的观点可能是完全错误的，而我们的观点可能是完全正确的，但这与此无关。我们必须要尊重这种自由，并且让这种尊重浸透于自己的灵魂、心灵与身体上。”

我的朋友说到这里就打住了，因为他知道我被说服了，已经没有必要继续说下去了。现在，在我所过的每一天，都让我深信他的话，因为生活完全证实了这一点。

如果我们尊重别人的自由，那么即使别人持有一种错误的观点，我们依然应该静心聆听，并真诚地进行理解，这会让我们变得冷静。如果对方能认识到自己的错误，我们就可以在不激怒对方的前提下去帮助他们。我们绝对不要试图去劝说别人违背他们的初衷。如果有必要的话，向他们说出事实和真相，至于他是否能够听进去，那就随便他了。如果对方不接受你的帮助，那么这也是你可以帮助他的唯一方法了。

另一种极为重要的情况，就是别人的观点可能是正确的，而我们的观点可能是错误的。在这种情况下，如果我们真的要追求正确的观点，而不是固执于自身所持的观点，如果我们能够认真聆听，以便去理解别人的观点，那么我们就有可能发现自身的错误，并进行改正。在很多情况下，或者说是在绝大多数情况下，双方可能都是对的，也可能都是错的。假设甲看到乙对他的观点表示尊重，并且认可了他所持观点的合理性，同时乙又愿意承认自己的观点存在不足，那么，甲也会愿意聆听乙的观点。乙的做法越是公平，那么甲的做法也会越接近公平。即便甲对乙持有一些偏见，但要是乙能在绝对公平的原则下与甲交流，那么这种偏见就会慢慢消除。当然，这需要时间，有时甚至需要很长一段时间，但只要我们能够坚持不懈，就一定能够获得这样的结果。

让我们试着去理解别人的观点，并且尊重别人的观点，因为他们拥有这样的自由。如果我们能够按照这一原则去生活的话，那么无论大事还是小事，都会验证这样一个观点：吵架需要两个人，但一个人就可以让双方的心灵都保持一种平和的状态。

真正平和的心态必然是奋斗之后获得胜利的结果，正是这种心态，给很多人的心灵带来了力量与影响。据说，亚伯拉罕·林肯还是一个年轻的辩护律师时，他就能够用一种连对方都能感觉出来的公平方式进行辩护，很多时候林肯在开始进入庭辩之前就取得了胜利。他懂得如何去欣赏对方所持有的观点，并对其中正确的一面表示肯定，然后他才会在陪审团面前逐一反驳对手的观点，这样他就取得了事半功倍的效果。当然，他认为正义是站在自己这一边的，否则在辩护时也不可能有那么强的自信。怀着真诚的信念去追求真理，这是我们获得智慧与力量所必需的一种态度。只有抛弃了个人的私心、成见，我们才能真正理解，在现实生活中，公平具有无与伦比的价值。

第十二章

大学女生 最需要的东西

真正的女性都不会想着要成为优秀的『男性』，而是要成为一个真正的女人。

第十二章

总体说来，美国的女子大学还是从之前那种低等的寄宿学校发展而成的，完全复制了男生大学的模式。现在，女子高等教育迅速发展，部分原因是现有的教育制度存在问题，另一个原因就是人们一直在努力消除男女在教育方面所存在的不平等状况。男生的智力远远超过了女生，这是不应该发生的。在美国，只有低年级的教育对男女是较为平等的，而高等教育只注重男生教育的状况注定是难以持续的。

为了满足女生对高等教育的需求，需要进行各种教学实验，这些实验主要有三种形式：一是，男生女生在同等条件下接受教育；二是，对现有的教学制度进行补充；三是，专门建立女子大学。要想评估女生接受高等教育所取得的成果，最好还是采用第三种形式，因为这能够为女生提供最为自由的发展空间，也提供了一个对她们进行观察或是教学实验的最为广阔的舞台。

目前，美国女子大学的制度基本上是按照男生的大学教育模式进行的。瓦萨、史密斯与韦斯利等人的梦想，就是要让年轻女生能够像男生那样按照规定的课程来接受全面的教育，这样会使男女在智力上不平等的状况得到改善。在某些情况下，智力上的差异才是男生教育和女生教育最为明显的区别。竞技运动在男生大学中所扮演的角色是女子大学所无法媲美的。在田径场上观摩过男女运动员表现的每个人，都不会同意一件事——男生女生应该执行统一的竞技标准。诚然，在设备完整的女子大学里，我们也能找到体育馆的影子，到处能见到女生们在进行各种室外运动，但这不应该成为女子与男子执行相同竞技标准的理由，即便是极力主张男女要在智力上实现平等的人，也不会要求男女应该在体育馆或是田径场上达到相同的水准。

在男子体育代表的教育中，并非只是注重体育锻炼，而是让体育锻炼和智力、道德、宗教教育等一起发展。也就是说，体育成了实现目标的一种途径，而不是目标本身。对单独个体来说，对这一理念的扭曲并不会影响基本的事实。大学教育的权威人士其实不是在进行研究，想着用什么方法去限制体育运动的发展，正如他们在制定课程时要考虑到男生应该平衡、理性地发展一样。我们现在遇到的问题是，体育运动的热情需要被压抑，而非鼓励这种热情。

在女子大学，又是怎样的情况呢？情况就是，几乎与男子大学完全相反。权威人士需要研究的事情，不是怎样限制体育的发展，而是强制女子大学开展体育教育。他们并没有鼓励女子大学开展智力方面的教育，而是进行压制。这种巨大的教学差异给男女教育造成了极大的反差，在我们对女子大学的发展进行考量的时候，是必须要考虑到这一点的。在奖学金与教学自律方面，无论女子大学如何复制男子大学的模式，我们都必须要认识到，双方在体育方面始终存在着巨大的差异。女子大学不能盲目效仿男子大学的教学方式，更不能有这样错误的认识，即只要女子大学建立了体育馆，并且强制女生进行划船、网球或是呼啦圈等体育锻炼，就实现了大学教育的目标。

对男生来说，肌肉锻炼是体育的首要目标。在锻炼的时间、要求的标准与条理上，肌肉锻炼都是排在首位的。体育上的成功很大程度上决定了我们能够在心理或道德教育方面上也获得成功。虽然也有一些人在身体出现残疾时依然能在智力上取得不俗的成功，但上述这一点在大学教育中依然是普遍适用的。

在我们的学校或是大学里，要发现女生最需要进行哪些体育锻炼是很容易的。在绝大多数情况下，集体的需求都是个人缺点的夸张表现。任何曾经去过女子大学或是与女生同住过一段时间的人都会承认，女生们普遍处于一种慌张与紧迫的状态。“没有时间”，这是她们每天从早到晚都会发出的感叹。忧虑与匆忙几乎成了每个在校女生普遍面临的问题。即便她是一个有着快乐性情的人，做事不匆忙，不为自己感到忧虑，但还是无法完全抵御自身的压力。女子大学带来的精神压力对她们来说太强大了，无论是老师还是学生，她们的脸上都清清楚楚地写明了这一点。正因为如此，每年都有不少学生由于过度学习导致精神崩溃。但更让人觉得悲哀的是，很多人并没有完全垮掉，而是处于一种接近崩溃的状态，忘记了心态与身体处于正常状态时是一种怎样的状况。面对这样的情况，我们只能感到，女生在正常状态下会有多么美好的一面，她们的体质应该能够承受日常生活的压力，只有这样才不会出现精神崩溃的现象。勤奋学习的女生对体育运动的需求最为强烈，这一点是很明显的。那些还无法意识到这一点的女生会过着一种不正常的生活，无法明白自身的需求。不论男女，在他们习惯了室内不良空气以后，就不会在意，但室外的人一旦进入这样的房间，就会生病。

要想知道女生什么时候压力最大，就要看看她们在考试期间有什么样的表现了。普通的女生或是女性，她们在面对考试时，都会感到极大的压力，处于一种焦虑、匆忙与恐惧的心态。我们要注意，男生与女生之间的这种区别是非常明显的。大学男生在考试期间，神经肯定也会处于一种紧绷的状态，但他们这种紧绷的状态远没有女生那么明显。同样是面对考试，但男生女生却感受到了不同的压力，对此的解释是，他们参加的体育运动不一样，在足球、划船或是其他室外运动等方面的差异，能够让男生以全新的活力投入到学习中去，并使他们的神经系统保持平衡状态。但是，当女生试着通过体育运动来修正她们的软弱时，却将大部分神经能量消耗在了竞技游戏上，导致她们投入到学习中的精力不够，这更多地导致她们出现了神经紧绷的情况，必须要等大脑恢复活力之后才能继续正常的学习。其实，这种平衡可以通过其他方式来获得。

让我们简单研究一下“女生气质”所引起的这种压力吧。女生的自我意识是她们最大的敌人。当然，风俗习惯也是其中的一个原因，因为人们通常都有这样一种观念，男生就要去赞美女生，而女生则只能被赞美。因此，女生从小就生活在一种“受人赞美”的状态中，她的自由因此受到相应程度的损害。很少人能够真正意识到自我意识给神经系统带来的压力，要是在自我意识的基础上再加上一种敏感的心思，那我们就接近了能够解释这个问题的完整答案了。霍尔维斯曾经向我们谈到，新英格兰地区的女性智力都不是很高，但她们的意识却像房子的一角那么大，当时我认为他可能有些夸大其词。如果这样去理解，他的话可能就是正确的了——即使让她们拥有更大的脑容量，也无法减少她们那种女性意识所占有的空间。男性在自我意识方面不像女性绷得这么紧，而且他们敏感的性情也不会呈现出一种病态，对他们造成实际的伤害。男子大学里的气氛，无论对教职员工或是学生而言，都要比女子大学更为轻松，他们感受到的压力还不到女生的十分之一，因为女生会在许多毫无必要的事情上消耗精力。学生的脸说明了他们的故事，男生所承受的压力相对而言并没有那么明显。

这个对比说明了我之前的观点，即对于大学女生来说，她们最迫切的身体上的需求就是学会如何休息。这种休息不是那种无所事事的休息，不是那种愚蠢空洞或是缺乏活力的休息，而是让身心得到足够的休息，这意味着女生可以拥有充满活力与健康的神经系统，让她们全身心投入到学习、工作中去，能自由地参加各种活动，不会在匆忙中失去自然。我们一开始就妄下结论，认为适合培养男生的方法也必然适合女生，不管这种结论在日后会出现怎样的变化，女生都理应得到优先的考虑。在我们满足女生获得适当休息的身体需求后，就能让她们通过锻炼身体来实现增强力量的目的。

在女子学校与女子大学里，虽然都有体育馆或是各种运动设施，但在满足女生体育锻炼的需求上似乎还没有展现出明显的效果。很多女生总是无法获得运动本身所要达到的效果：首先，她们在运动时消耗了太多的神经能量；其次，通过研究她们在学习方式、整体心态及身体的一般习惯上，我们发现其实可以通过体育锻炼来为她们提供体能。现在，我们首先要做的，就是教会女生在身心处于一种健康、正常状态的时候去面对工作，在自然状态下做好工作，凭借自身的力量做好事情，而不是整天为学习担忧，害怕自己学不到知识，更不是从早到晚都害怕完成不了功课，不需要为了毫无必要的负担而焦虑，不需要对老师有一种病态的恐惧，不需要以一种感受到持续压力的态度去面对生活。只要我们稍稍注意到这一点，就会发现这个问题的严重性。女生一旦养成了这样的习惯，日后假如当老师的话，她所教的学生就会强烈地感觉到她这种习惯，老师身上的紧张情绪会被学生所感知。在日常的学习生活中，获得适当的休息成了当今女生最最重要的需求。

那些观察到这种趋势的人会以一种司空见惯的态度说："让这些女生多锻炼吧，多吸收一点新鲜空气吧，让她们拥有充足的睡眠，吃得更有营养一些吧，那么她们身体的这种最大的需求就能够得到满足。"若是我们注意到的不健康状况刚刚冒头，那么这样的解决方法也就足够了。对少数女生而言，这样的解决方法也足够了，但是对绝大多数女生而言，这样的方法是不够的，而在一些情况下，这种方法甚至是完全行不通的。这个习惯已经流传了几代人，要想加以克服，必须要清楚地认识到这种习惯让我们失去的能量，并且要拥有一种重新获得这些能量的巨大信念。诚然，这种思维习惯在我们心中已经根深蒂固了，导致很多人都无法在学习或是玩耍中保持一种平和的心态。现在，有些女生认为某些不正常的生活习惯就是自然的表现，正常的生活习惯反而是不自然的方式，这样的女生并不在少数。正如一名女生曾经极为坦诚地跟我说："我能保持一定的兴奋度，但要让我端着一壶水上楼的话，就会很疲惫。"我知道，这是一个极端的例子，但实际上并不少见。说服这个女生或是有着同样不正常生活习惯的女生去放弃这种习惯，去过一种正常的生活，就可能会给她们的生活带来灾难性的后果。她可能无法真正了解这个世界或是自己，并且深受其害。这种事情必须要一步步来做，因为让她恢复到正常生活状态的过程，就如同治愈一个酒鬼的过程。

假设美国的学校从一开始制定教学标准的时候，就把消除学生焦虑的情绪和做事匆忙的习惯，以及让女生恢复到积极生活、好好休息的状态作为目标——假如这就是女子学校的主要目标，她们就能够摆脱“缺乏时间”的狂热，老师们也能够接受一个原则，即教学的目标并不是让学生学到具体的知识，而是教会学生思考的能力。这才是学校或是大学立足的根本。一个女生即使在学校里没有学到多少知识，但她能够掌握如何学习知识的方法，也就足够了。要是这个目标能被老师和学生了解，那么她们就会更加重视学习方法的教与学，而不是只顾着掌握某一门知识的具体内容。要是我们使一味收集知识的欲望处于次要的地位，那么在同一时间学习的知识将帮助我们完成接下来的深造，即便是离开学校多年以后，我们依然能相对轻松地去学习。要是我们的心智习惯了在不经意间吸收知识，并且能够消化和运用，那么我们就不会纠缠于那些毫无意义的事实。当我们认识到知识与思想其实存在着某种关联之后，女生自身最大的需求就一定能够更容易地得到满足，尽管大家一直以来都在强调知识的重要性，但女生们“缺乏时间”的倾向终将渐渐消失。当一个女生总是感觉自己处于一种匆忙的状态时，她就会失去平衡的心态，不管她的工作看上去多么出色。

对我们的模范学校来说，这是它们应该做出的第一个改变，下一个重要的改革就是要在日常的教学工作中进行节奏上的改变。要想让身体与心智处于一种健康的状态，就必须要让我们处于一种动作与反应的状态，而不是动作与停顿的状态。当我们让自身的一系列功能完全获得了自由之后，专心工作，能够让我们的身体获得最为完美的休息。确实如此，动作与反应就是一种规律的顺序，就像我们处于彻底休息的睡眠状态时，身体就会趁这个机会补充能量，让我们在醒来后充满活力。

女生们应当进行充分的锻炼，选择食物的时候应当要有所注意，要保证充足的睡眠时间，老师与学生之间要保持一种友好互信的态度，不应过于多愁善感。假设这样一种有益的状态正处于一个恢复的过程，那么我们的目标就仍然没有实现。过去那种匆忙与忧虑会悄悄潜入女生的心灵，让她们产生强烈的感受。因为女生的母亲、祖母或是曾祖母都会有遗传，更不要说母系这边遗传下来的因素了。我们的学校依然可以培养学生学习的能力——通过强调正常的休息，而不是无所事事的休息与强制性的学习。通过一种可以自我忘怀的休息来调节自己，一般都能够让女生们进入一种愉悦积极的状态。“自由”是比“休息”更好的一个词语，因为自由包括休息。在追求身体与心灵的自由时，女人应该进行特殊的培训。如果以获得自由为目的的特殊培训日后能够在学校中实现，那么这个目标和真正自由的精神就会被所有教职员工所拥有，而这恰恰是目前只通过休息来获得力量的老师或是女生所严重缺乏的。

这种培训应当从身体锻炼开始，包括对声音的训练。如果我们在这个过程中能够仔细认真地工作，就能够影响到我们的心理，接下来，对心理有帮助的特殊培训就将开展。但是，我们首先应该打好基础，让女生们先“站起来”，让她们知道，身体在处于完美的平衡状态时，意味着能够拥有更好的工作头脑。随着身体不断开展工作，每一次培训都包含着同一目的：将真正的自由用在学习和背诵上面。因此，心灵与身体是相互作用的，女生会感到自己正在脱下套在身上的枷锁。建立在自我限制基础上的自由，将引领着我们走向源于自我意识的自由，这是对神经系统唯一有益的方式。一个接受了这种训练的女生，除了在紧急情况之外，一般都能够很好地控制自己，因为她学到了如何控制自己保持自然的状态。

在身体锻炼方面，如果能够开设一门想象的课程，对于获得真实的工作原则会更有帮助。在班级中，女生们应该进行深呼吸训练，这不仅能够让内心平静并且获得休息，而且能让我们重新获得活力，有助于我们稳步前进。深呼吸还能让我们避免陷入极端的放松状态，极端的放松状态与极端紧绷的神经一样，都是十分有害的。当一个神经紧绷的身体一旦处于放松状态的时候，深呼吸能够让身体避免出现过于激烈的反应。在一开始进行深呼吸训练的时候，我们会发现在拥挤的教室里，真正懂得深呼吸的人是极少的，而她们对于如何平静地呼吸也没有什么概念。长时间平静地呼吸能够带来一种缓解作用，但是只有当我们懂得了如何以最为轻松的方式去呼吸的时候，才能感受到这种缓解作用带给我们的最佳效果。不过即使我们尚未获得这种能力，正常的呼吸也能够缓解中度的歇斯底里的状况，能够缓解怯场的恐惧。教室里的学生在进行深呼吸训练的时候，最好分开来做，这样能够让她们明白安静的深呼吸是怎样进行的，在呼吸的过程中去感受自己，而不是像平常那样若无其事地呼吸。有一种观点认为，我们吸气就是在安静地呼吸，我们要避免这样的想法，因为那就好比拿着虎头钳一样。

在学生们进行这些体育锻炼时，首先应该保持安静——一种自然的安静，而不是强制性的安静。通过学生们的努力，是可以达到让人欣喜的程度的，因为某人的心灵会对别人的心灵产生影响，在一个大班里，心智比较软弱的学生会受到心智比较强的学生的影响。教室里的每个学生对于深呼吸都会有普遍的看法，而安静则只能通过呼吸训练来获得。总体说来，老师应该始终牢记一点：从一开始，自然的安静就是我们所追求的目标。通过日常的深呼吸训练，可以令我们获得有节奏的呼吸——从二十五岁到五十岁，这也是另外一种锻炼的方式。具体到某个人身上，这种锻炼所取得的效果是非常明显的，要是一个班的同学能够一起进行锻炼的话，那么效果将会更加明显。深呼吸对大脑的益处是大家都知道的，它不仅仅是一种呼吸，更是一种能量消耗最少的锻炼方式，它对我们身体有很大的益处。在教育学生的过程中，我们应该采取缓慢而常规的方式来放松肌肉，进一步缓解神经的压力，这都是可以通过深呼吸做到的。在进行特殊的深呼吸训练与放松锻炼后，再进行声音的锻炼，并将声音的锻炼培养成一种常规的习惯。女生们的声音普遍缺乏一种自然的平衡，这说明她们在说话的声音和说话的方式上存在着很大的问题。女生应该像锻炼自身其他功能一样，去学习一种锻炼方法，让自己的声音获得真正的自由。

关节与肌肉柔韧性的锻炼应该在接下来进行。这样的锻炼应该包括指引性的力量，而且这种力量通常是极为迅速的，但必须要在完全自在的情况下进行。进行锻炼的时候必须专注于需要锻炼的身体部位，不要对身体的其他部位产生不必要的影响。接下来，我们应该试着去锻炼出自身更好的平衡力与弹性，最后以安静的呼吸及声音锻炼来结束。这应该是一个循序渐进的过程，这样的话，女生们就不会感到很难理解。虽然老师在教育过程中不能偏离中心目标，但女生们还是可以将这些锻炼当成一种自然的习惯。要是女生无法从课堂上获得全新的活力，并且不知道在学习或是游戏的时候如何运用这种自然的法则，那么这就是一种失败，它直接说明了老师缺乏真正的引领精神，或者是教室里的空气不适合呼吸。负责教授这些课程的老师首先应该遵循两个条件：第一，她应该在日常生活中遵循自己教给学生的法则；第二，她绝不能假装自己是遵循这些法则的完美代表。老师应当给学生留下这样一种印象：老师和学生都是一起的，需要共同遵循这些法则。有了这样的了解与富于爱意的耐心，那么一位女教师就不难唤起她的女学生身上的优点，除非她所处的环境对她极其不利。

我以前就曾经在一个教室里尝试过这种锻炼身体的方式，通过这种锻炼来帮助一个女生感受到活力与积极的休息状态，满足她最大的需求——休息的能力。通过这种锻炼，我们就能在面对紧急情况时保持冷静的头脑；在麻烦解决之后，能够迅速让危机带来的兴奋感平复下来，直到它完全消失。这种锻炼还能让我们忽视各种烦恼与忧虑。的确，当一名女生拥有了一种能力——辨别自己的忧虑有哪些是神经系统的原因，哪些是因为消化不良或身体其他方面的毛病，并能据此进行排解，这已经是一种非常强大的能力了。假如必须要这样做的话，她能像承受痛苦那样去承受忧虑的情绪，并且承认这些忧虑确实有其存在的基础，但只要她愿意，她就可以迅速放下这种忧虑。如果女生在学校里学到了如何去面对各种形式的烦恼和忧虑，那么她们就能避免陷入很多毫无意义的痛苦之中。很多女人的神经系统都受到了伤害，但是她们对此竟然没有丝毫的察觉。过于敏感的神经会促使女人做出各种荒唐的事情，让她失去难以弥补的活力，因为她没有学会如何分辨疲惫的状态与失衡的神经。通过这种训练，她能够明白一点，那就是她们不需要凡事都那么认真，不管有些事情看上去是多么重要，其实都没有那么重要。

对于人们在气质上表现出来的差异，一般人都很少报以宽容的态度。不久前，我看到两个女生进行网球比赛，其中一个女生要把自己训练得更自由，她的动作更加迅速优雅，身体的柔韧性也显得更强，但是她的精神显得很兴奋，似乎父母遗传到她体内的活跃基因依然控制着她，她的表情看上去有点紧张，场边的观众几乎都是她的朋友与崇拜者，大家都希望她能够赢得比赛。她清楚地知道别人对自己的盼望，而且有一种强烈的感觉——自己是别人的焦点。而另外一名选手则是一个乡下人的女儿，看上去肌肉发达、面无表情。在整个比赛的过程中，她脸上的表情一直没有变化。她不认识在场的观众，也不在乎她们的存在，她显然知道，在场的观众一边倒地希望自己的对手获胜，但她还是按照自己的打法，全身心地投入到了每一拍上。当然，最后她赢得了比赛。一个看热闹的人脸上挂着一种充满优越感的微笑与一点轻蔑的语气对我说道："你看，'放松'并不总是能够赢得比赛。"我的回答是："是的，但是你的乡下女孩是因为更加'放松'才赢得比赛的。"那位输掉比赛的女生的性情要比对手更为敏感，因此她必须要花更长的时间去获得心灵的平衡。而她的对手却在一个较低层次上获得了平衡。以戴安娜为例，将她送到乡村，让她接受乡村的影响，那么在过了五年之后，她在首场比赛时依然会输给那个面无表情的对手。这时，我们的批评者会说："我的朋友，你看，受崇拜的女性并不总是能赢。"

那么，对于那些拥有良好教养的女性，她们的身上遗传了祖辈数代的神经紧张的因子，我们对她们应该有什么期望呢？戴安娜也许能够在第二场比赛中获得胜利，因为她立即就能找到自己第一场比赛失败的原因，并立即调整身体状态，以最佳的状态去迎接以后的比赛。要是这些被人崇拜的女生能够意识到自己必须要按照既定法则去对神经系统进行有益的调节，那么她们就算是赚到了。我们要想让女生走向一种圆满的状态，就只能通过培养休息的能力，然后让她们正常地发挥自身所拥有的能力。她们要做的工作比五年后的戴安娜还要多，她们的观察能力也能得到相应的提升。

关于这个主题，我们需要关注一个细节。要想最大限度地发挥从锻炼中获得的能力，我们就必须以自然的方式去做好眼前的事情，生活本身也要处于一种有序和正常的状态。对女人来说，把自己锻炼到一种更加轻松地去工作的状态，以求能够在生活中去做那些超过身体承受范围的工作，是一种错误的想法。当一个女人感觉自己能力增强，可以做更多工作的时候，她就很难感受到那种自然的休息状态。当然，要是我们学会了如何休息和不浪费能量，我们就能取得更大的成绩。所以，我们需要意识到制约自己的条件，并且学会扬长避短。一方面，这种限制可能会减少；另一方面，这种限制可能会达到惊人的程度。很多人认为，为了获得正常的休息而进行培训只能导致疲惫，但他们却没有认识到，人们都将希望寄托在了这些培训上。所以，学校的整体氛围必须要进行改变，这样才能教会女生如何去锻炼健康的身体，并拥有最为健全的心智。有一位患有严重疾病的年轻人，医生告诉他继续上大学是毫无意义的，因为他没有继续学习的能力，所以他就听从医生的嘱咐，每天只学习两个小时。但是他每天都以最佳的状态来利用这两个小时，最后他通过了大学考试，并且以第一名的成绩毕业。其实，他每天除了那两个小时之外，其他时间都处于一种休息状态。要是他发现自己拥有如此强大的专注力，试图用一天之中所有的时间去学习，那么结果对他来说肯定是灾难性的。

这个国家就像一个早熟的孩子，因为他展现出了一种让人惊讶的能量和专注力，并有着强烈的表现欲。除非这个孩子能够冷静下来，去享受一个孩子本来的自然、调皮生活，否则他就有可能“小时了了，大未必佳”。当然，在这个国家里，母亲是最需要平和心态的人。

简而言之，那些努力学习并认真参加运动的健康男女，都能从自己行为中获得回馈，他们会在某个时间段，放下手中的工作，好好地休息；而一些人则会来回踱步，对过去的行为感到焦虑。后者可以通过身体上的锻炼与道德上的劝告，最后汇入同样安全的“洪流”。若是她们愿意的话，又或者这种锻炼开始得比较早，她们肯定能够完成这种转变。当这种有意识的休息或是休闲的活动在大学里成为自然而然的事情、成为大家潜移默化的一种行为时，那么大学最伟大的力量也就出现了。在这种情况下，无论男女都会对自身稍微不尊重自然法则的行为极其敏感，并能够迅速改正，就像他们现在对自身不遵守其他法则的行为一样，他们对此感到恼火。之后，他们会觉得身心获得了真正的自由，而我们通常只能在健康的孩子身上发现这种自由的影子。

女生所接受的教育应该能够为她日后所从事的工作打

下牢固的基础，并且能让她发挥出最大的潜能。若是她想要日后在工作中做到最好，就要在大学期间学会如何用健康的方式去运用大脑的能量。真正的女性都不会想着要成为优秀的“男性”，而是要成为一个真正的女人。这样的想法不仅能够让女性站稳脚跟，也能让男性更好地立足。在这个时代，男人活在这个世上，无时无刻不在面对着诱惑与精神上的压力。要是他带着过度紧张的情绪回家，发现妻子也处于相同的状态，那么女性这种精神上的压力会让他感到无法承受，他无法再从家庭找到休息的感觉，而只会感到更大的精神压力，因为妻子带给他的压力能够让他在几个小时内觉得比连续几天从事体力劳动还要累。

与此形成鲜明对比的是，女性身上展现出的淡定自若能够对男性产生影响，例如，在他回家后能够感受到一种轻松的气氛，能够感受到存在于家里的一种温和的力量，这是他不会错过的。

由于一般女性的精神状态比男性更容易受到刺激，所以培养一种淡定自若的状态不仅可以让女人影响男人，而且还可以让母亲来影响下一代的儿女。所以，在日后的岁月里，淡定自若的心理无论是在学校还是在其他什么地方，都会被视为一种理所当然的态度。当然，如果从学校或是大学就开始培养女生的这种品质，所取得的效果不是更好吗？

第十三章

消遣

我们的生活目标越高，越是具有价值，那么在消遣时就越能感受到孩子一样的健康的乐趣。

第十三章

“我必须要不停地前进，因为如果停下来的话，我就要思考，但是我不想思考。”这是一位十分理智的女士所说的诚实话语。让人遗憾的是，像这位女性的例子并不少。有很多男女都会发自内心地说出这样的话。我记得一个人，他皱着眉头，带着一副害怕去做自己不愿做的事情的表情，努力地想从骑马打猎中得到消遣和乐趣。我从未见过一个骑在马背上的人露出那样独特的“愉快表情”，因为那场面让人觉得实在是太虚假了。他了解骑马的术语，也知道如何才能成为一名快乐的马师，但是他的欢乐背后似乎缺乏主导的灵魂。每当我听到他说话，就会感到莫名的悲伤，因为我敢肯定，他这样做的目的是给别人制造一种他非常开心的假象。我之所以特别举出这个例子，是因为如果将这个例子放到显微镜下观察的话，我们就能发现那些并非源自内心真实想法的娱乐，都是毫无意义的。所有想着通过一些毫无意义的消遣活动来让自己去逃避的人，心底都会感到同样的悲哀，但绝大多数人的悲哀都是更为隐秘的，是不会浮到表面上来的。除非在每一个人的不可避免的反应到来时，这种悲哀才会以一种极端压抑或是极端丑陋的方式呈现出来。我们经常能听到别人说："我不觉得心情沉重，也没有感觉到热情高涨。"他们这样说，似乎表明他们的心态总是处在一种永远固定不变的状态。也许，他们还为此感到骄傲呢。如果长年坚持进行观察，我们就会发现，如果这些人的目光没有专注于如何找寻平衡的心态，那么他们的心态要么继续沉重，要么继续高涨，到了最后，他们的生活通常都会在痛苦的"狠摔"中结束，或是感到一成不变的压抑与沉闷，让他们感到这种心理上的折磨实在是难以忍受。

许多男女试图躲避自己在生活中应付的必要责任，这种行为就像是小孩想通过去钓鱼来逃避做算术功课一样。

他知道自己最终都是要做的，但他就是害怕去做。他之所以还害怕，就是因为他不喜欢算术，所以他不断通过各种消遣活动来转移自己的注意力。首先，他会尝试逃课，以此来躲避听课，然后，他会觉得这样做不大现实，于是被迫乖乖地坐在桌子前，手里拿着铅笔进行运算，但他还是会通过在纸上画画，或是捉苍蝇，抑或朝着其他同学扮鬼脸来转移自己的注意力。他知道，如果他无法完成功课，那么下课后，他还得留在教室里继续解答算术题。但是，他还是习惯性地想着如何转移注意力，忽视要做的这些算术题。最终，他在放学后被留在了教室里，老师监督着他，他也让老师无法按时离开，在老师的催促与监督下，他最终完成了功课。他和老师在回家后都是脾气暴躁，心中愤愤不平。

少男少女们在离开学校以后，通常都会通过各种活动来分散自己的注意力，而不是认真地做好自己的工作。他们不知道通过消遣来转移注意力会带来什么样的后果，要是他们知道自己迟早都要完成这些工作，肯定会觉得震惊。当然，还有一些人压根儿就不知道自己原来还有工作要做。他们宁可做任何与解决问题无关的事情，也不愿意直面自己必须要解决的问题。我记得某人，他的肩上承担着重要的商业责任。他有能力去解决面临的问题，因此在工作上发挥了积极的作用。但是他不愿意动脑筋，不愿意坚持去做某事，虽然只有这样才能成功地完成工作。他的生存需要他做好自己的工作，不仅如此，很多人的生计都与他有关系，他所在的企业成功与否对整个国家都会产生一定的影响。我曾认真地观察过他的行为，因为我们是朋友，所以他的问题就是我的问题。有一天下午，我坐在他的办公室，看见还有一大堆事情要做的他拿起电话，询问某人一个小时后是否有时间一起打网球。看到他这样做，我差点晕过去。我一句话都没有说，因为即使我说出自己的感想，他也不会听我的。从那一天起，我就看到他不断地用各种消遣活动来分散自己的注意力，直到最后，他因为无法完成自己的工作，被迫放弃了肩上所承担的责任。几乎所有人都不敢相信他会失败，因为大家都知道他是有能力取得成功的。但是没有几个人知道，他并不喜欢那份工作以及工作带给他的忧虑，所以他才会从各种消遣中寻求解脱。他后来在同一领域内的其他公司里获得了成功，这是因为他的习惯已经把他逼到了一个角落，他必须要拒绝消遣活动，保持工作状态，以此来拯救自己。现在，对于将自己赶到角落里的命运之神，他始终心存感激。

消遣，如果是一种能够让我们以更加充沛的活力重新投入工作的方式，那么这不仅是有益的，更是必需的。但假如消遣活动的作用只是让我们逃避责任，或是让我们暂时忘记必须要直面与克服的难题，那么这就等于慢性自杀。

很多人在消遣活动中所消耗的精力，要比完成大量工作本身还要多。他们之所以转移注意力，是为了逃避困难的工作；他们选择逃避生活中的一些问题，而不是直面问题，并且勇敢地去解决；他们不承认自身的品格有问题，不敢去解决。这些人不断地从消遣活动中转移自己的注意力，他们总是觉得自己需要兴奋的刺激，就像一个人一开始喝一点酒就醉了，但当他养成酗酒的习惯之后，就需要喝很多酒才能产生轻飘飘的感觉。

一开始，消遣活动是很有趣的，到了后来，那些以此为乐的人就离不开消遣了，甚至需要在兴奋的感觉中寻求刺激。

要使那些想通过消遣来逃避繁琐的工作的人能够意识到，他们现在逃避的工作是必须要做的，否则其他工作就会变得更难，而接下来的工作也会给他带来更加痛苦的感觉。

这个问题必须解决，不然那些想要解决这些问题的人的大脑就会退化，变得缺乏能力。真正的品格必须要经过锻炼，否则人比一个毫无生气的物体还没用。

目前比较流行的神经衰弱的治疗方法就是去消遣娱乐，但很少有人能够意识到，这种治疗方法其实是肤浅与暂时的，它的功效就像溴化钾。机能上的疾病与神经衰弱都是因为我们无法让自身和环境处于一种和谐的状态，当然我们品格中的缺陷也是一种原因。要想治疗这些疾病，我们必须要从源头上去根治。如果病人的神经因为某些消遣活动暂时得到了放松，而一旦回到原来的环境或是重新开始原先的生活之后，他的自私也就失去了任何缓冲的余地，神经方面的疾病也会重新发作，令他失去活力，那么每当他们重返原先的环境，通过消遣活动来让神经获得缓解的成功率就会相应降低。

“遗忘！遗忘！遗忘！要是我们能够遗忘一切就好了！”我们经常听到别人这样说，但是，真正应该做的是不要遗忘，不要遗忘，不要遗忘，而是需要去统治！

让你的人生更加有规划，让你心灵的地平线慢慢升起，不要害怕任何事情，要勇敢面对并且处理好任何工作，直到你完成了这些工作或是使之变成一种经验和智慧。我们迟早都是要找寻自由的，否则就要下地狱了。我想，在地狱下面，是没有任何消遣机会的。

“那些将人生消耗在挥霍放纵，但看上去依然人模狗样的人，”一位医生对我说，“你见过他们扭到脚踝，或是遇到一些普通的意外事件时的表现吗？你不会见到的，因为他们身上没有任何力量能够支撑他们，所以无论遇到什么问题他们都必然会立即崩溃。”

只想着通过消遣来转移注意力，而不是像个男人一样直面生活的人，会觉得自己很安全，即使他们真的思考过，而且依然觉得自己很快乐，但只要稍微碰到一些考验，他们就会溃不成军。当消遣活动变得越来越不现实时，他们已经没有力量去面对眼前的工作了。

像个男人去面对问题，并加以解决，这能够让我们拥有神经肌肉——如果我们可以这样称呼的话——神经肌肉，这种神经肌肉能让我们健康成长，不断赐予我们全新的力量。当我们圆满地完成工作之后，消遣才算得上一种祝福与助推器。虽然我们将消遣活动当作一种为接下来的工作注入活力的行为，但我们都需要全身心地投入到娱乐中去。随着生活阅历的增长，消遣娱乐所带来的力量也将随之增长。倘若消遣只是为了遗忘，为了逃避，为了掩盖懒惰，那么就会让我们变得软弱与虚伪。能够为生活注入全新活力的消遣，可以让我们不再逃避需要面对的工作，能够为工作注入力量的消遣是圆满生活的一部分，如果没有它的存在，生活就是不圆满的。我们的生活目标越高，越是具有价值，那么在消遣时就越能感受到孩子一样的健康的乐趣。

第十四章

过好每一天

生活中的危机与考验就像是温度计，清晰地表明我们是否过好了每一天。

第十四章

生活中的危机与考验就像是温度计，清晰地表明了我们是否过好了每一天。我们之前可能过着舒适安逸的生活，也会认为自己是比较优秀的人，但是环境突然的改变却让我们猝不及防，无法立即适应全新的环境。因为无法迅速、沉稳地适应全新的状况，我们身上自私的一面就会展现出来，我们会变得容易恼怒，粗暴地对待别人，然后对自己变成这种样子感到惊讶。我们从来都不会想过，自己原来是这么没有教养。一旦身上潜藏的缺点在不经意间暴露出来，我们就会明白，自己应该在日常生活中把这些缺点慢慢改掉。这样的认识还是很有趣的。

如果我们怀着一颗真诚的心去为邻居服务，并且在行为与精神上友善地对待别人，认真地履行自己每天的职责，那么当考验来临的时候，我们就能轻装上阵，积极应对，并在这个过程中增强自身的品格与力量。

考验会暴露我们身上自私的一面，我们应该为自己能看到这一面心存感激。因为如果我们根本不知道自己存在这样的问题的话，改进就无从谈起。所以说，考验是一种祝福！因为考验暴露了我们的弱点，让我们知道应该克服什么。我们要时刻记住一点，在日常的生活里就应该努力工作，获取克服困难的力量，只有这样才能在面临考验时无所畏惧。

我认识一位老妇人，她的智慧和品格的力量在她的朋友中间广为流传。我也很尊重并爱戴她这两种品质，并为自己拥有这样一位可以寻求建议的朋友而心存感激。在她举行的一次社交活动上，大家谈论着某个一般性的话题。她对于这个问题的观点有一定的权威。但实际上，这并不是一个观点对错的问题，而是一个每个人都可以抒发个人看法和见解的问题。当别人的观点与她相左，并举出了很多例子时，她从椅子上站起来，离开房间，摔门而出。其实那个人的观点不过是就事论事，根本就没有针对某个人的意思。当时，这位老妇人就在自己家里，那些朋友都是她请来的客人，但她居然无法容忍别人持有一种与自己相反的观点，并最终将这种不满爆发出来，在她冲动的一瞬间，她的表现可以说是极度无礼，而且当天晚上，她再也没有从房间里出来。

老妇人的行为让很多人大跌眼镜，因为那些人认为：她不仅拥有良好的教养，而且在心灵与举止上都是极有教养的人。我对自己说，她之前的行为只不过是表面的伪装罢了，而当她以前遇到考验的时候，只不过是暂时压抑了自己内心那邪恶与自私的欲望罢了，现在她年纪大了，神经系统没有以前那么强的力量了，也就失去了控制的能力了。这个解释最后被证明是正确的。

同理，当我们疲惫的时候，控制内心想法的能力就会变弱，恼怒或是气愤就会从心底悄然升起。我们可以为别人恼怒或是不友善的行为找一个借口——他们之所以如此是因为感到疲惫或是生病了，但我们绝对不能为自己找这样的借口。如果恼怒或是气愤的根源——自私——在我们身上并不存在的话，那疲惫或是生病都不可能让我们忍不住发泄自己的恼怒和气愤。所以当恼怒从心底浮现出来的时候，我们应该感到高兴，因为我们知道接下来应该怎么做了。我们不仅不能表露出这些不良的习惯，而且还要将这些不良习惯的根源全部清除掉，并在日常生活中保持开放、坦率的态度，时刻防止这些习惯死灰复燃。如果那位摔门而出的老妇人以前就能从生活的考验中汲取教训，清除心中因为自私而养成的不良习惯，那么她在八十岁的时候，就不会还像个孩子一样站起来，当着客人的面摔门而出，相反，她会时刻准备倾听对方与自己截然不同的观点，并且用充满智慧的言语来表达自己的观点，她甚至有勇气坦承自己观点中的错误，并且承认以前自己没有认识到的真理。

如果我们追求的是真理，而不是自己的欲望，那么不管是通过自己还是别人的智慧去发现真理，都足以让我们感到欣慰。

要想真正过好每一天，就要在日常生活中不断地提升自己，做好应对考验的准备，不要试图去压制内心自私的一面，而应在考验过程中使它完全浮现出来，然后彻底清理干净。

如果我们不愿意面对自己的错误和缺点，就会引起大脑的萎缩，这迟早会给我们造成影响。我们对自己越是了解，就越是能够准确地进行改进，越早获得真正的自由。好医生是不会让病人的血液中残留一丝有害物质的，因为他知道这样肯定会给病人带来伤害。我们不应该压抑脑海中自私的欲望，因为这比血液中的毒素所造成的危害更大。

过好每一天是一门学问。若是我们想过好每一天，那么这门学问是非常有趣并且有益于健康的。当我们意识到，自己所能做的就是让人生处于一种平衡的状态，面对自己无法控制的事情，最好的办法就是尽人事，听天命，这能够让我们避免许多毫无必要的烦恼与压力。研究如何去过好每一天，将会对我们大有裨益。

我们最需要的，就是健康、坚定的常识与过好每一天的信念。我们需要相信什么呢？这么说吧，我们要相信永远正确的运行法则。如果我研究电学，首先就要遵循电学方面的固有规律，否则电灯就不会亮，电话就不会响，汽车的轮子就不会转动。要是我致力于科学方面某个领域的研究，我首先必须要遵循这个领域的法则，否则研究工作将一无所获。通过对法则的遵循，我知道了自己正走在发现未知法则的道路上。在遵循法则时越加严谨与富于智慧，那么我们的能力就能够得到更快的提高，我们的视野也会变得更加清晰。当然，我们在遵循自然科学法则时的心态并不一定要像法则本身一样那么死板。在生活中，人在精神层面的运行法则是自我坦白与各种机遇及事情混在一起时所产生的结果。对于需要遵循的固定法则，我们必须严格遵守——过好每一天的法则也是需要每天严格遵守的，就好比蒸汽船的引擎要遵循它的工作原理一样。精神层面的法则与物理法则在这一方面存在着巨大的差别。相对而言，自然科学的固定法则是死的，因为这些法则对应的是物质。但人性法则却是充满活力的，因为它面对的是物质背后充满活力的各种动因。

即使亦步亦趋地遵照自然科学的法则去做，我们依然有可能获得圆满的成功，因为精神上的运行并不影响这些自然科学法则的正常运作，只要他能得到完全执行就可以了。但是人性的法则——这种代表着心灵成长的法则——却是完全不同的，因为我们要处理的是心灵的法则，所以必须要保持真诚与无私的精神，否则我们的一切行动就将毫无意义、没有成效。

表面看来，我与邻居的关系极为友善，但我的内心却可能十分憎恨他们；表面看来，我很正直、很诚实，但内心却可能像一个小偷一样，在欺骗着别人；表面看来，在人生的各个阶段，我都受人尊敬——我可能是教堂的主要捐助人，可能是政治上的改革者，可能是社会启蒙者——但也可能，我在礼仪或是教养方面滴水不漏只是一种伪装，我其实已经烂到骨子里了。

在与心灵法则有关的情况中，我遵循着过好每一天的生活法则，力求在言行举止方面给同胞留下好印象。但在内心深处，我并没有真心实意地去遵循这些法则，但这些法则所产生的活力却都源自我们的精神是否遵循它。如果我们内心遵循这些法则，那么结果是显而易见的。如果我们只是表面上遵循它，但内心却并不这样认为，那么只要稍微遇到一些紧急情况，我们脆弱的自尊就有可能被击碎。

为什么会有那么多受人尊敬但内心却不够真诚的人会暴露出自己的本来面目，但有些人却始终能够做到表里如一呢？这个问题的答案需要借助上帝无穷的智慧来解答，而不是凡人那有限的智慧。显然，在危机到来的时候，通常能够让我们判断出谁是肤浅与毫无活力的，谁是坚定与充满活力的。任何对“过好每一天”的深度及广度有兴趣的人都会感激那些暴露出他们不足的种种考验，这样他们就能够发现自己的缺点，并加以改正。

做好本分工作，首要的一点就是要尽自己的全力，并从工作中感受到乐趣。在工作职责之外，去做其他一些有用和极具价值的事情，在不影响正常工作的前提下，去享受生活的乐趣，这会促使我们将工作做得更好。要是我们能够心甘情愿接受这样的法则，那么我们的行为自然也会变得真诚。要想更为深入地遵循法则，自我的成长与能力的增长就成了必不可少的条件。

还有一点需要说明，就是所有的法则都必然是从一个中心点发射出来的。我们这个星球上所有自然法则的运行，就目前所知，都可以追溯到太阳所发散出的热和光，所以遵循大自然法则，尊重大自然的精神，这种精神就是宇宙的中心。造物者赐予所有物质的能量，肯定也是上帝所具备的。上帝赐予我们个人意识，难道他就没有属于自己的意识吗？所有精神上的法则都是从他那里来的，遵循他的法则必然引领我们走向他。从中我们就能够知道，自己与上帝、与同胞的关系不仅仅是同族这么简单，更是共同遵循着一种精神上的法则。

只有真正遵循自然的法则，我们才能从“过好每一天”的每一条法则中的细节及宽广的延伸中获得真正的力量。

图书在版编目（CIP）数据

过好每一天/（美）考尔（Call，A. P.）著；佘卓桓 译. 孔宁 校.
-- 哈尔滨：黑龙江教育出版社，2013. 11
ISBN 978-7-5316-7193-0
Ⅰ.①过… Ⅱ.①考… ②佘… ③孔… Ⅲ.①人生哲学–通俗读物
Ⅳ.①B848 . 4-49
中国版本图书馆CIP数据核字(2013)第274472号

过好每一天

GUOHAO MEIYITIAN

作　　者	〔美〕安妮·考尔 著 佘卓桓 译　孔宁 校
选题策划	宋舒白
责任编辑	宋舒白　杨　静
装帧设计	Lily
责任校对	石　英
出版发行	黑龙江教育出版社（哈尔滨市南岗区花园街158号）
印　　刷	北京彩眸彩色印刷有限公司
开　　本	700×1000　1/16
印　　张	16
字　　数	105千
版　　次	2014年1月第1版　2014年1月第1次印刷
书　　号	ISBN　978-7-5316-7193-0
定　　价	36.00元